_____에게 펼쳐질 앞으로의 삶에

행복과 희망이 가득하기를 바라며 이 책을 드립니다.

털려도 괜찮아

세계 여행 중
전 재산을 털리고
돌아온
파란만장
여행 이야기

●
○

최상민 지음

휴앤스토리

CONTENTS

chapter 2

2016년 10월, 찬바람이 막 불기 시작한 초가을, 비전 있는 회사에 공채로 입사해 열심히 일하고 있던 나는 돌연 결심한다.

"워킹 홀리데이를 가자! 그리고 그 후, 세계 여행을 하자!"라고.

누구나 한 번쯤은 유학이나 워킹 홀리데이를 통한 '해외 생활'이나 '해외여행'에 대한 꿈을 꿔본 적이 있을 것이다. 요즘 SNS의 사용량이 날이 갈수록 증가해 사람들은 많은 여행 관련 사진, 영상, 글을 접하면서 '해외 생활'에 대한 이미지는 더 좋아지고 있다. 그래서 '여행' 특히나 '해외여행'이 요즘 트렌드라고 해도 과언이 아니다.

워킹 홀리데이란?

협정 체결 국가 청년(대체로 만 18~30세)들에게 상대 국가에서 체류하면서 관광, 취업, 어학연수 등을 병행하며 현지의 문화와 생활을 경험할 수 있는 제도. 우리나라는 현재 23개 국가 및 지역과 워킹 홀리데이 협정 및 1개 국가와 청년교류제도(YMS) 협정을 체결하고 있다. 네덜란드, 뉴질랜드, 대만, 덴마크, 독일, 벨기에, 스웨덴, 아일랜드, 오스트리아, 이스라엘, 이탈리아, 일본, 체코, 칠레, 캐나다, 포르투갈, 프랑스, 헝가리, 호주, 홍콩, 스페인, 폴란드, 아르헨티나 워킹 홀리데이와 영국 청년교류제도(YMS)에 참여할 수 있다. 또한 이들 국가 청년들도 우리 워킹 홀리데이 제도에 참여할 수 있다.

– 외교부 워킹 홀리데이 인포센터에서 일부 발췌

나는 해외 생활을 동경해 막연하게 '아! 가면 참 좋겠다'라고 생각하며 살던 평범한 청년이었다. 그렇다고 한국에서의 삶에 불만이나 염증을 느낀 건 아니었다. 긍정적인 태도로 삶을 대하다 보니 모든 일에 감사하며 열심히 살려고 노력했기 때문이었다. 그렇게 만족하며 여느 때와 다를 바 없이 하루를 보내고 있던 어느 날, 문득 '해외에서 살아보고 싶다'라는 생각이 들었다. 26살, 정규직으로 입사하기엔 다소 어린 나이에도 불구하고 사기업 공채에 합격했다. 꽤나 높은 경쟁률을 뚫고 들어간 나의 첫 '정규직' 회사 생활은 만족스러웠다. 물론 회사 생활이라는 것이 100% 나에게 만족을 줄 수는 없었다. 그러나 회사의 철학과 추구하는 비전이 내가 가진 재능과 부합했기에 인정을 받으며 즐겁게 일을 하고 있었다. 사고 안 치고 남들처럼만 일한다면 안정적인 생활은 물론, 좋은 기회를 많이 얻을 수도 있었다. 그러나 만족스러운 일을 하면서도 이상하게 가슴 한편엔 아쉬움이라는 짐이 있었다. 그 짐은 나에게 물었다.

"아직 젊은데, 회사 생활에 갇혀 해보고 싶은 것들을 못한다면…
나이가 들어서 후회하지 않을까?"

예고 없던 갑작스러운 자문(自問)에, 나는 골똘히 고민해보기 시작했다. 다행히도 고민의 터널을 통과하기까지는 그리 오래 걸리진 않았다. 며칠의 고민 끝에 결심했다. 워킹 홀리데이를 가서 돈을 모아 세계 여행을 하기로!

재미있는 사실은, 나는 워킹 홀리데이를 떠나기 전엔 해외를 가 본 적이 '단' 한 번도 없었다는 것. 맛있는 음식은 먹어본 사람만이 알지, 안 먹어본 사람은 주변에서 아무리 맛있다고 해도 공감을 못 한다. 해외 생활도 마찬가지이다. 여행도 해 본 사람이 관심을 가지 는 법이다. '여행은 중독이다'라는 말이 있지 않은가. 그렇게 가깝다 는 일본도 한 번도 가본 적 없는 내가, 생에 처음 해외로 가는 이유 가 여행이 아니라 살아보기 위함이라니. 사람과 사람이 살을 맞대고 살아가는 사회에서 가장 기본적인 요소인 '대화'도 제대로 하지 못 하는 곳으로 가는 것이었다. 두려울 법도 했다. 그러나 두렵지 않았 다. 오히려 두려움보다는 기대감이 컸다. '해외 생활', '여행'이라는 단어가 주는 설렘은 그렇게 모든 부정적인 생각들을 덮어버렸다.

잘 다니고 있던 회사를 그만둔다고 결정하는 것은 생각보다 쉬 웠다. 그럴 수 있었던 여러 가지 이유가 있었다. 첫째로, 대졸 동기 들 사이에서 고졸의 신분으로 당당하게 회사에 입사할 때, 스스로에 게 느꼈던 희열과 자신감 때문이었다. 그 자신감은 내가 해외 생활 을 하고 돌아와도 다른 좋은 길을 갈 수 있을 거라는 '용기'를 주었 다. 둘째로, '워킹 홀리데이'와 '세계 여행'은 누구나 꿈꾸지만 아무 나 할 수 있는 것이 아님을 알았기 때문이었다. 해외 경험은 개인적 인 만족, 성장과 더불어 좋은 '스펙'이 될 수 있을 거라고도 생각했 다. 그리고 같이 일했던 팀장님의 조언 때문이었다.

나의 퇴사 결정 소식을 접하시고 팀장님이 면담 요청을 하셨다.

퇴사에 대해 이야기를 나누던 도중 팀장님께서 하셨던 말씀이 아이러니하게도 퇴사의 확신을 주신 결정타였다.

"나는 너의 미래가 보여. 지금처럼만 이 회사에서 꾸준히 일한다면 앞으로 정말 크게 될 친구인데 왜 그만두려고 하니? 아니면 정 그렇게 가고 싶다면 2~3년 정도는 더 일을 하고 경력이라도 만들어서 나가는 게 좋지 않겠니?"

"더 늦으면 안 될 거 같아요. 그렇게 계속 일하다 보면 퇴사하기가 더 힘들어질 거 같아요. 나이와 생활이 주는 안정감에 정말 해보고 싶었던 일들을 양보하고 그냥 꿈으로만 남겨두고 살게 될 거 같습니다."

그렇게 몇 초 정적이 흘렀을까. 가만히 듣고 계시던 팀장님이 말씀하셨다.

"그래, 네 말이 맞다. 안정화된 삶 속에 계속 살다보면 그렇게 내려놓기가 쉽지 않을 거야. 선택은 너의 몫이니까 잘 생각해보고 결정해. 그리고 너는 해외든 다른 직장이든 거기가 어디든 잘 적응하고 잘 해나갈 친구라는 걸 알고 있으니 걱정은 안 된다. 어떤 선택을 하던 존중하고 응원할게."

그 말씀이 단순히 인사치레로 하시는 말씀인지, 정말 나의 진면목을 알아봐주시고 하신 말씀인지 그 저의(底意)는 중요하지 않았다. 단지 그 말이 나 자신에 대한 확신으로 다가왔기 때문에 퇴사를 쉽게 결정할 수 있었다.

퇴사를 결정하고, 나의 계획을 주변 사람들에게 나누었다.

진심 어린 응원과 격려, 진심 어린 걱정과 우려 가운데 사람들은 말했다.

"좋은 회사, 어쩌면 너에게는 과분했던 곳인데, 정말 가고 싶었던 회사에 들어가 놓고 돌연 모든 걸 뒤로한 채 떠난다니, 잃을 게 많지 않을까?"

"모든 것이 불확실하기에 위험이 크지 않을까?"

"다시 돌아와서 정규직으로 취업하기까지 또 오랜 시간이 걸릴 거야"

나는 대답했다.

잃을 게 많을 수도 있지만 얻는 게 그보다 더 많을 것이고, 불확실하기에 위험이 크지만 불확실함에 모험을 할 수 있는 시기가 조금이라도 더 젊은 지금이라고. 그리고 그 '경험'들은 단언컨대 나를 더 성장시키고 더 넓은 사람으로 만들어 줄 거라고!

chapter 1

호주
워킹 홀리데이

또 다른 세상이여 내가 간다

•

워킹 홀리데이를 가야겠다고 결정한 후, 남은 과정은 워킹 홀리데이 국가를 정하는 것과 그 나라의 정보들을 수집하는 것이었다.

23개국이라는 다양한 옵션 중 어느 나라를 선택할까 고민을 하다가 사람들이 제일 많이 선호하는 '호주'로 선택했다. 이유는 '호주'가 내가 워킹 홀리데이를 통해 얻고자 하는 목적에 적합한 나라였기 때문이었다. 그 목적을 중요도 순서로 나열하면,

1. 해외 경험하기
2. 영어 공부 열심히 해서 원어민 수준으로 돌아오기
   (지금 생각해보면 다짐이 아주 대단하다.)
3. 세계 여행을 위한 경비 모으기
이렇게 세 가지였다.

해외 경험은 어떤 나라든지 워킹 홀리데이를 떠나기만 하면 얻는 것이다. 나는 평소 자연과 더불어 사는 삶을 선망했다. 그래서 자연이 멋진 '호주'에서 해외 생활을 해본다면 더 특별한 경험이 될 거라고 생각했다.

흥미로운 사실은 호주의 면적은 세계 6위이고 대한민국의 면적은 세계 109위이다. 면적은 거의 80배가 차이 나지만, 호주의 인구

는 2,500만으로 한국의 인구 수 5,100만보다 두 배는 적다. 이제야 자연과 더불어 산다는 말이 실감이 나는가. 상상만 해도 내 몸이 초록색으로 뒤덮여 자연과 물아일체가 되었다.

　호주는 영어권 국가이긴 하지만 '호주 영어'의 특유의 발음과 악센트로 인해 정상적인 영어를 배우기엔 힘들다는 악명이 높았다. 하지만 조사해본 결과 아무리 특이한 발음이라도 영어는 영어고, 모든 호주인들이 어려운 영어를 구사하는 것은 아니었다. 한국에서도 기성세대가 쓰는 말의 톤과 뉘앙스가 요즘 세대들이 쓰는 말과 조금 다르다. 그렇듯 호주에서도 젊은 세대들과 기성세대들이 쓰는 영어는 다름을 알 수 있었다. 내가 열심히만 한다면 괜찮은 영어 실력을 얻어올 수 있음은 분명했다.

　그리고 호주는 세계 여행을 위한 경비를 모으기에 최적의 나라였다. 일을 하게 되었을 때 받을 시급이 워킹 홀리데이 채결 국가 중 가장 높았기 때문이었다. (2017년 기준 시간당 17불, 한화로 약 15,000원)

　세 가지 목적을 다 충족시키는 나라인 '호주'로 워킹 홀리데이 국가를 정한 뒤, 대략적으로 계획을 세웠다.

　첫 3개월은 어학원을 다니며 친구들도 많이 사귀고 영어 공부를 열심히 하고, 그 후 4개월은 농장에서 일을 해 세컨드 비자를 취득한 뒤, 1년 5개월 동안 돈을 모아 세계 여행을 하겠다고.

이런 계획을 품고 호주에서 첫 해외 생활을 시작하는 역사적인 순간을 상상하니, 이거 원 한시 빨리 떠나고 싶어 미칠 것 같았다. 부푼 기대를 한가득 안고 본격적으로 꿈의 나라로의 출발 준비를 시작했다.

2017. 02. 03. 일요일

따뜻했던 격려와 차가웠던 우려 속에서 드디어 꿈의 나라, 호주로 출발했다.

고등학교 시절, 제주도로 수학여행을 가기 위해 생에 처음으로 비행기를 탄 이후로, 단 한 번도 비행기를 탄 적이 없었다. 그런 나에게 기내에 오를 때는 신발을 벗고 타야 된다는 둥, 기내식을 먹을 때는 꼭 계산을 해야 된다는 둥 수많은 농담 섞인 화살들이 날아들었지만 방패로 모두 막아선 채 생에 두 번째 비행기에 몸을 실었다.

경유 시간을 포함한 20시간 남짓의 비행 후 드디어 호주에 도착했다. 생에 처음으로 해외로 가는 거라 하나부터 열까지 모든 것이 생소했지만 나름 별 탈 없이 공항을 빠져나왔다, 그리곤 바로 앞에 펼쳐진 호주의 모습을 마주했다. 그때 처음 들었던 기분은 아직도 잊을 수 없다. 강렬했던 호주의 첫인상은 '자연' 그 자체였다. 공항의 이미지로 흔히 생각할 수 있는 특유의 분주함, 대기하는 차들의 향연, 바삐 움직이는 사람들을 느낄 수 없었다. 단지 진한 초록색 페인트로 색칠해 놓은 것 같은 수많은 나무들과, 파란 물감으로 빈틈없이 빽빽이 칠한 것만 같은 하늘만 느낄 수 있었다. 내겐 첫 해외였기 때문에 더 감상적이었을 거라고 생각해보았다. 그러나 호주의 아름다운 자연에 대한 풍문을 생각하면 내가 느낀 것에 과장됨은 없었다.

충격적이라고 표현할 만큼 새로웠던 호주의 첫인상을 품고, 앞으로 내가 지낼 호스트의 집으로 발걸음을 재촉했다.

나는 워킹 홀리데이 기간 중 첫 3개월간 어학원을 다니면서 동시에 '데미페어'를 했다. '데미페어'란, 호주에 사는 현지인 집에 거주하며 주 15~18시간 정도 집안일을 도와주고 월급 대신 숙식을 제공받는 제도이다.(호스트에 따라 용돈을 주는 경우도 있다.) 집안일 같은 경우는 육아, 설거지, 청소가 대부분이고, 보통 저녁 시간에 일을 한다. 데미페어는 보통 맞벌이 부부 가정이나 아이들이 많은 집에서 하고, 한 부모 가정에서도 많이 한다. 오전에는 내가 일을 하든 공부를 하든 자유롭게 시간을 보내고, 아르바이트처럼 하루에 3시간 정도 저녁에 집에 와서 일을 하면 된다. 나 같은 경우는 오전부터 오후까지는 어학원을 다닐 예정이었기 때문에 학원비를 생각하면 최대한 돈을 아껴야 했다. 데미페어를 하면 숙식을 제공받아서 용돈 이외에 지출은 걱정할 필요가 없었다. 또 현지인 가족들과 살기 때문에 학원을 나와서도 계속 영어를 쓰고 들을 수 있는 '언어 환경'이 뒷받침 되니 영어 실력도 늘릴 수 있었다. 그런 차원에서 생각하면 데미페어를 하지 않을 이유가 없었다.

3개월을 같이 지낼 호스트 가족은 '콜린'네였다.

콜린은, 개구쟁이 8살 아들 '닉(Nick)'과 공주 같은 3살 딸 '리지 (Lizzy)'를 키우는 '싱글 맘'이었다. 남녀 불문 많은 사람들이 콜린에게 데미페어를 신청했지만 콜린은 나를 선택했다고 했다. 이유를 물어 보니 아이들이 어릴 때, 이혼을 해서 아이들에겐 '성인 남자', 즉 아빠의 역할을 해줄 사람이 필요했고, 나의 에너지가 마음에 들어서라고 했다. 그리고 그 에너지가 아이들에게 긍정적인 좋은 영향을 줄 것이라고 생각했단다. 고작 서투른 영어로 도배된 짧은 소개서와 자기소개 동영상으로만 나의 에너지를 알아봐주다니 너무 고맙고 감사했다. (온라인으로 데미페어를 신청했기 때문에 내가 호주로 가기 전까지 우리는 실제로 만나지 못했다.) 그 때문에 나에게는 아이들에게 '멋진' 남자의 모습을 보여주어야겠다는 선한 부담도 생겼다. '외모'의 멋짐이 아닌, 인성과 태도가 갖추어진 진짜 멋있는 사람. 짧은 시간에 뭘 그렇게까지 하느냐고, '오버한다'라고 생각할 수도 있다. 그도 그럴 것이 아직 둘 다 어린 나이였다. 이들이 나이가 들었을 때, 나의 존재에 대해 기억조차 할 수 있을지도 의문이었다. 그렇지만 나의 모습이 이 아이들에게는 '남성상', '아버지상'을 생각하는데 영향을 줄 수도 있다고 생각하니 단순히 3개월만 같이 살다가 떠날 사람으로만 남기는 싫었다.

괜히 혼자 비장하게 '거룩한' 사명감을 가지고 콜린 집에서의 생활을 시작했다.

호주 워킹 홀리데이 × 17

Q&A

01 초기 자본으로 얼마가 적당한가요?

나는 어학원을 다닐 최초 3개월 동안은 숙식을 제공 받으니 개인적으로 쓸 용돈만 필요했다. 어학원 이후엔 호주에서 일을 하면서 돈을 벌 계획이라서, 3개월 동안 용돈으로 쓸 약 150만 원 정도를 가져갔다(어학원 비용 제외). 150만 원이 많다고 생각하는 사람도 있을 것이고, 적다고 생각하는 사람도 있을 것이다. 나는 워홀을 하면서 나보다 훨씬 많이 가져오는 사람도 봤고, 호주로 와서 바로 일을 시작할 계획으로 100만 원도 안 되는 돈을 가져오는 사람도 봤다. 결국 본인에게 허락되는 만큼, 그리고 어떤 계획을 가지고 호주로 오느냐에 따라 초기 자본은 달라진다.

'호주로 가면 어떻게든 되겠지'라는 식의 사고는 자칫 더 큰 화를 불러올 수 있다. 1년 전체 계획은 아니더라도 '최초 한 달이나 두 달은 어떻게 살아야겠다'라는 구체적인 계획을 세우는 것이 중요하다. 그러면 자연스럽게 초기 자본에 대한 계획이 세워질 것이다. 참고로 호주의 생활 물가는 한국과 비슷하다. 오히려 더 저렴한 품목들도 많다. 마트에서 파는 식자재의 가격은 물론이고, 한국의 '다이소' 같은 마트도 많기 때문에 절약하면서 살면 적은 돈으로도 얼마든지 생활할 수 있다. 명심하자. 돈은 쓰기 나름이라는 것을. (월세(렌트비)같은 경우는 위치, 쉐어하우스, 독방, 집 컨디션 등 다양한 기준에 따라 다르기 때문에, 본인이 원하는 조건으로 검색해서 알아보는 것을 추천한다. 렌트비는 쉐어하우스 기준, 대략 한국 돈으로 월 50~70만 원 정도 한다.)

02 도시는 어디가 좋나요?

당시 나는 호주에 갈 때 최대한 한국 사람들이 없는 곳으로 가고 싶었다. 외국인 친구들을 많이 사귀고 영어 공부에 집중하기 위해서 최대한 한국 사람들을 멀리하고 싶었기 때문이다. 그러나 호주에 대한 정보를 찾아본 결과, 호주는 한국인들에게 제일 인기가 많은 워킹 홀리데이 국가였기 때문에 어떤 도시를 가든 한국 사람은 많다고 했다. 그래서 도시를 선택할 때 두 번째로 내가 원하는 조건을 중점으로 해서 찾아보았다. 해외라고 너무 도시적인 곳에 있으면 한국과는 별 다른 분위기를 못 느낄 것 같아서 자연적인 분위기와 도시적인 분위기의 적절한 조화를 이루는 곳을 찾기 시작했다. 도시들의 사진을 보며 실제 거주하고 있거나 살았던 사람들의 후기를 뒤져본 결과, 내게 적합한 도시는 '브리즈번'이었다. 그렇게 나는 브리즈번을 초반에 정착할 나라로 정했다. 나는 1년 내내 브리즈번에 있을 거라고 생각하고 호주로 갔다. 그러나 호주에서 만난 사람들 중 몇 개월씩 도시를 돌면서 사는 사람들도 봤는데, 그 방법도 참 좋은 방법 같았다. 그러니 도시를 정할 때 너무 무겁게 생각할 필요는 없다. 처음 정했던 도시에 살아보고 마음에 안 들면 얼마든지 옮길 수 있으니까. 한국에서 이사하는 것처럼 많은 짐을 들고 워킹 홀리데이를 오지 않기 때문에 도시를 옮길 때 훨씬 수월하다. 워킹 홀리데이는 말 그대로 워킹(일) + 홀리데이(휴가)의 줄임말이다. 그러니 '돈을 벌면서 정착해서 산다!'라는 생각보다는 휴가를 보내러 왔다고 생각하고 조금 여유를 가지는 게 좋지 않을까 싶다. 그래야 도시를 정하고, 일을 구하고, 호주에서 사는 게 조금은 쉬워질 것이다.

03 어떤 일을 하면 좋나요?

지극히 개인적인 주관에 달렸다. 어떤 사람은 본인이 한국으로 돌아와서 하고 싶은 일에 관련된 일을 하는 것이 가장 좋다고 생각할 수도 있고, 어떤 사람은 한국에서는 못 해보는 일이라든지, 호주에서 꼭 해보고 싶었던 일을 경험삼아 해보는 게 좋다고 생각할 수도 있다. 나는 후자를 택한 사람이었고, 돈을 많이 못 받아도 새로운 경험이 되는 일을 했다. 돈을 많이 벌고 싶다면 섬이나 외딴 곳에 있는 리조트나 호텔에서 일하는 것을 추천한다. 그곳은 말 그대로 외지라서 돈을 벌어도 쓸 데가 없기 때문에 타의적으로도 돈을 모을 수 있다. 아무것도 할 게 없다 보니 다양한 국적의 직원들과 파티도 하고, 놀면서 영어를 많이 쓸 수 있기 때문에 영어 실력 향상에도 큰 도움이 된다. 호텔, 리조트의 복지와 급여는 호주의 기본 시급보다는 높아서 좋은 조건에서 일을 할 수 있다.

04 일은 어떻게 구하나요?

여기서부터는 어학원을 통하여 알아보느냐 개인적으로 알아보느냐의 차이로 나뉜다. 위에서 언급한 호텔이나 리조트 같은 경우, 어학원을 통해 이력서를 넣고 합격까지 계속 케어를 받을 수 있는 장점이 있지만 일정 비용을 지불해야 되는 단점이 있다. 개인적으로 지원을 한다면 비용이 들지 않는 장점이 있다. 그러나 떨어지게 된다면 확실하게 보장되는 일자리가 없으니 계속 불안해질 수 있고, 원하는 일을 구할 때까지 찾다가 결국 안 되면 일단 돈을 벌기 위해 원치 않는 일을 시작해야 할 수도 있는 단점이 있다. 호텔, 리조트 같은 경우엔 어학원, 개인 두 가지 옵션이 있다. 카페, 편의점, 식당 같은 경우는 개인적으로 돌아다니면서 이력서를 돌리는 게 훨씬 좋은 방법이다. 나 같은 경우는 호텔이나 리조트에서 일을 하고 싶었고, 어학원을 통해 구직하는 것을 선택했다. 비용을 지불하는 게 아깝다고 느끼면서도 어학원을 선택한 이유는, 개인적으로 이력서를 냈는데 계속 실패한다면 그로부터 받는 스트레스가 너무 싫었다. 또 어학원은 구직에 성공할 때까지 계속 호텔이나 리조트와 매칭을 해주기 때문에 일종의 '보험'이라고 생각해서였다. 어학원도, 개인적으로 컨텍하는 것도 일장일단이 있기 때문에 개인적인 성향에 따라 선택하면 될 것이다.

05 집은 어떻게 구하나요?

워홀러들은 보통 쉐어하우스에서 많이 거주한다. 한국인들과 같이 살고 싶다면 방법은 많다. 페이스북에 호주 워홀러들을 위한 페이지나 온라인에 호주 워홀과 관련된 카페도 많기 때문에 거기서 집에 대한 정보를 얻을 수 있다. 보통 주에 얼마를 받는지, 집 컨디션은 어떤지 사진과 함께 게시하기 때문에 생각보다 쉽게 집을 구할 수 있다. 외국인들과 같이 살고 싶다면 검트리(www.gumtree.com.au)라는 사이트나 SNS를 통해 구하는 방법이 있다. 이 외에 인터넷에 검색하면 정보가 많이 나오니 참고하면 좋을 것이다.

06 데미페어는 어떻게 구하나요?

데미페어도 어학원을 통해 구하는 방법과 개인적으로 구하는 방법이 있다. 어학원을 통해 구하게 되면 어학원에 본인의 영어 소개서와 짧은 영어로 된 자기소개 동영상을 넘겨주면, 어학원 자체적으로 매칭을 해준다. 물론 비용이 드는 단점이 있다. 개인적으로는 검트리(www.gumtree.com.au)나 오페어월드(www.aupair-world.net)를 통해 호스트들을 찾아서 직접 구할 수 있다.

07 영어를 못하는데 공부를 하고 가야 하나요?

출국 전 '영어 공부'는 필수 중에 필수이다. '그냥 가서 하면 되겠지' 하고 그냥 호주로 오면 영어는 절대 늘지 않는다. 조금이라도 한국에서 공부를 하고 호주로 가는 것이 좋다. 본인의 실력이 어느 정도인지는 중요하지 않다. 엄청 못하거나 남들 하는 정도의 실력이라고 한들, 호주로 영어를 배우러 오는 거라면 똑같이 공부해야 되는 것은 분명하다. 어느 정도까지 공부하느냐는 본인의 선택이다. 중요한 건 꾸준한 호흡을 가지고 영어 공부를 하는 것이다. 한국에서 어느 정도 공부를 하고 와야 영어 공부를 하는 습관이 있기 때문에 호주에서도 공부를 하기가 수월할 것이다. 나 같은 경우엔 한국에서도 열심히 공부를 했고, 호주에 와서도 어학원을 3개월을 다녔는데, 현지에서 어학원을 다니는 방법도 추천한다. 호주 어학원의 비용이 부담이 된다면 필리핀에서 어학연수를 하고 호주로 넘어오는 방법도 있다. 이 방법이 훨씬 저렴해 요즘 많이들 선택하기도 한다.

더 자세한 호주 워킹 홀리데이에 대한 정보는 네이버 카페 '내사랑 호주'에서 참고하면 좋다.

안녕 호주

●

첫 해외. 역시나 모든 것이 새로웠다.

문화, 날씨, 음식, 건물, 집, 생활환경, 교육, 사고방식 등 모든 것이 신기했다. 그 중 가장 마음에 들었던 부분은 호주에 처음 도착했을 때도 느꼈던 '자연과 더불어 사는 것'이었다. 도시 중심에는 한국과 비슷한 부분이 많다. 높은 건물들, 많은 차들과 상점들, 사람들. 하지만 그런 도심에도 큰 공원들이 많아서 조금만 고개를 돌리면 자연을 볼 수 있다. 도심에서 조금만 벗어나도 빽빽한 나무들 사이에 아기자기한 집들이 위치해 있다. 굳이 위를 처다보지 않아도 하늘을 볼 수 있고, 하늘과 땅이 맞닿아 있는 것처럼 너무나 가깝게 느껴진다. 그런 거리를 걷기만 해도, 뭐랄까, 안정 혹은 여유가 생기는 느낌이 들었다.

근처 공원을 걷다 보면 다양한 사람들을 볼 수 있다. 큰 나무를 그늘 삼아 책을 읽는 사람들, 선탠하는 사람들, 잔디밭에 앉아 숙제를 하는 학생들, 낮잠을 자는 사람들, 도마뱀에게 먹이를 주는 사람들.

한국에서는 많이 볼 수 없었던 광경이었다. 물론 어딜 가나 사는 건 똑같다. 일을 하고, 돈을 벌고, 쇼핑하고, 친구를 만나고. 하지만 그 삶 안에서 느끼는 '여유'는 확실히 우리나라와 호주에는 차이가 있는 것 같았다.

바쁘고 빨리빨리 돌아가는 환경 속에 적응되어 있던 나는 더할 나위 없이 행복했다.

아이를 돌보는 일은 여간 쉬운 일이 아니었다. 아이들을 매우 좋아하는 나는 '잠깐 3시간 돌보는 건데 뭐 어렵겠어?'라고 생각했지만 그것은 큰 오산이었다. 차고 흘러넘치는 에너지를 주체하지 못하는 8살 남자아이, 30초 간격으로 다양한 감정을 표출하는 3살 여자아이. 이들은 나를 각성케 하는 아주 소중한 존재임에는 틀림없었다. 하긴, 완벽한 영어로 소통을 하는 콜린도 육아의 버거움을 느끼는데, 영어가 잘 안 되는 나는 오죽했을까. 그러다 문득 부모님이 생각났다. '장난기'라는 신발을 신고 온 동네를 헤집으며 돌아다녔던 아이. 자리에 앉았다 하면 의자에 불이 붙었는지 벌떡 일어나던 '산만함'과 럭비공처럼 어디로 튈지 모르는 예측불허의 '모험심'이 온몸을 감싸고 있던 아이. 그렇다. 사실 나는 어릴 때 이 아이들보다 더한 아이였다.

한 번은 어머니가 나의 어린 시절을 얘기해주신 적이 있다. 손가락으로 하나를 표시하시면서 "1초를 가만히 안 있었어. 1초. 방금 지나간 그 1초를! 아유, 갑자기 머리 아프다 그때 생각하니"라고 말씀하셨는데 그게 아직도 웃픈 기억으로 뇌리에 박혀있다. '그래 인과응보다.'라고 생각하고 아이들을 돌보니 마음이 조금은 편해졌다. 당연시 여겼던 나의 찬란했던 유년 시절, 아니 성인이 되기 전까지 누렸던 모든 순간들이 그냥 자연스럽게 흘러간 것이 아니었다.

호주 브리즈번에 있는 'South bank'. 누구나 무료로 이용할 수 있는 도심 속 수영장이다. 한국으로 따지면 한강 앞에 저렇게 인조 수영장이 있는 셈. 해외에 처음 가서 본 이 수영장은 내게 신선한 충격을 주었다.

분명 부모님들의 희생과 인내가 수반되었기에 가능했으리라. 머리로만 알다가 경험으로 느끼니 감동은 두 배가 되었다. 이 글을 보고 있다면 지금 당장, 부모님께 감사하다고 전화든 문자든 드리자.

그렇다고 '데미페어' 생활이 마냥 힘들지만은 않았다. 아이들과 퍼즐을 하고, 그림을 같이 그리며 놀다 보면 아이들의 순수함에 미소 짓기도 했고, 아이들만의 특이한 유머코드에 자기들끼리 자지러지며 웃는 모습을 보면 괜스레 행복해졌다. 오전에는 내가 싫다고 가라고 막 소리를 지르며 헤어졌다가, 오후에 내가 집에 들어올 때는 내 이름을 부르며 뛰어와 안기는 호주판 '지킬 앤 하이드' 아이들을 볼 때는, 나도 모르게 아빠 미소가 지어졌다. 또 울 때는 어떻게 달래야 하는지, 꼭 해야 하는 것이 있는데 하기 싫다고 할 때 어떻게

하게 하는지 등 육아 상식을 배우는 재미도 아주 쏠쏠했다.

콜린이 아이들을 교육하며 했던 말들 중 가장 인상 깊었던 말이 있었는데, 정말 나에게는 '충격' 그 자체였다.

선선한 바람이 불던 아주 기분 좋은 날씨를 맞은 주말, 콜린의 차를 타고 'Sunny bank'라는 곳으로 닉과 리지와 함께 가는 길이었다. 원래 차를 타면 콜린은 아이들을 위해 노래를 틀어주곤 했다. 그날도 평소처럼 평온한 분위기 속에 앙증맞은 동요를 들으며 가고 있었다.

"엄마! 음악 좀 크게 틀어주세요!"

닉이 한껏 업된 목소리로 말했다. 콜린은 볼륨을 더 높였다. 닉은 그래도 성에 안 찼는지 "엄마! 소리가 너무 작아요. 더 크게 틀어주세요!"라며 볼륨을 더 올려달라고 말했다. 그러자 콜린은 이 정도면 충분하다고, 더 올리면 안 된다고 말을 했다. 다음 상황이 상상이 되는가? 닉은 왜 안 되냐고 짜증을 내더니 이내 떼를 쓰기 시작했다. 텔레토비 마을처럼 평화로웠던 차 안이 순식간에 온갖 비명과 샤우팅으로 가득한 콘서트장이 되어버렸다. 조수석에 있던 나는, 운전하는 콜린 대신 어떻게 닉을 달래야 하나 계속 머리를 굴리고 있을 그때, 콜린이 닉에게 한마디 했다.

"노래를 너무 크게 틀면, 앰뷸런스 소리를 못 들을 수도 있어!"

와우! 이 무슨 신선한 충격인가! 전혀 예상치 못했던 말이었다. "너무 시끄러워" 혹은 "시끄러워서 운전에 집중을 할 수 없어!" 같은 자신을 위한 배려가 아닌, 앰뷸런스 즉 타인을 위한 배려였다니.

다시 생각해봐도 어떠한 계산이나 기지를 통해 나온 말이 아니라 진짜 콜린의 '진심'이었으리라. 평소에 자신보다 남을 더 생각하고 배려하는 자세가 없다면 그런 상황에서 그 말이 쉽게 나오지 않았을 것이다. 혼자 속으로 '우와! 이 사람은 진짜다! 멋있다!'라고 감탄하고 있는데, 어라? 갑자기 차 안이 고요해진 것이었다. '뭐지? 그새 잠들었나?' 하며 뒤를 돌아보니 닉은 멀뚱멀뚱 밖을 보고 있었다. 한참 떼쓰며 소리 지르던 아이의 모습은 온데간데없었다. 그렇다. 닉도 그 말을 이해한 것이다. 아직은 이해 못하고 계속 우겨대도 정상일 수 있는 나이지만 '타인을 위한 배려'에 공감한 것이었다. '교육'이 얼마나 중요한지 여실히 깨닫는 순간이었다.

'경험'이라는 건 사소하고 하찮아 보이는 작은 것이라도 그 자체로 너무 소중하다. '경험'들은 내가 살아가는 데 어떠한 방향으로든 도움이 된다고 믿고, 그 도움을 실제로 느끼며 지난날들을 살아왔다. 그렇기에 데미페어라는 '경험'을 통해 현지 외국인과 함께 살을 부대끼며 살아도 보고, 아이들을 돌보며 힘들지만 기뻐도 해보고, 직접 다른 문화 안에서의 삶을 향유하며 보냈던 시간들이 내게는 너무나 소중한 자산으로 남게 되었다.

너 아시아인 맞니? 한국인 맞아?

호주로 오기 전, 가장 기대가 되었던 부분 중 하나는 다양한 국적의 친구들을 사귀는 것이었다. 한국에 있을 때, 영어를 잘 못함에도 불구하고 외국인만 보면 환장해서 어린아이처럼 달려가 말을 걸고 소통하려고 했던 나였다. 그런 내가, 외국인들이 바글바글 가득한 나라로 간다니 이보다 더 흥분되는 일이 있겠는가. 수학여행 가기 전날, 기대감에 부풀어 두둥실 혼자 밤하늘을 떠다니며 잠 못 이루었던 그 밤이 또 찾아왔다. 바로 다음날이 어학원으로 첫 등원을 하는 날이었기 때문이다. 설레는 마음을 가득 안고 월요일 아침 일찍 어학원으로 갔다. 그날부터 같이 클래스를 시작하는 다양한 국적의 친구들과 함께 앉아 이야기를 나누었다.

"넌 어디서 왔니?"
내가 먼저 친구들에게 물었다.
"콜롬비아!"
"넌?"
"난 아르헨티나!"
"넌 어디서 왔어 ? 일본?"
친구들이 나에게 물었다.

"아니 난 한국에서 왔어."

"남한? 북한? 하하"

"아 당연히 북한이지!"

"뭐? 진짜? 신기하다. 내가 알기로는 북한 사람들은 함부로 해외로 여행을 못 간다는데?"

"농담이야ㅋㅋㅋ 남한에서 왔어!"

살아온 배경이 다른 사람들이 모이니 무척 재미있었다. 영어를 잘 못해도 그들과 마주 앉아있는 자체가 즐거웠다. 이 친구들과 대화하며 알아가는 과정에서 신기했던 점은 외국인들의 액면가였다. 분명 나는 나이 차이가 꽤 나는 사촌형뻘 되는 사람들과 이야기를 하고 있는데, 대화를 하다 보면 너무 어린 것 같은 느낌을 많이 받았다. 설마해서 물어보니 21살, 22살. 나보다 동생들이었다.

와우! 아마 여행을 좀 해봤거나 외국 생활을 해본 사람들은 외국인들의 모습에 대해 공감할 것이다. 외국에선 어릴 때부터 기름진 음식과 단 음식들을 많이 먹고 자라는데, 그게 바로 '노안'의 원인이라고 한다. 그와 반대로 내 나이를 이야기해주면 다 믿질 않았다. 거짓말하지 말라고, 20살 아니냐고. 아, 물론 내가 동안이라서가 아니다. 이 친구들 눈에는 나뿐만 아니라 아시아인들이 다 그렇게 어려 보인다고 한다. 우리가 어려 보이는 건지, 너희가 들어 보이는 건지, 뭐가 맞는지는 알 수 없지만 그게 뭣이 중헌디? 친구면 되는 거지.

영어를 잘하진 못하지만, 탈아시아인급인 화려한 제스처와 리액

션을 선보이며 친구들과 대화를 하다 보니 어느새 내가 대화를 주도하고 있었다. 어릴 때부터 남들 앞에 서길 좋아하며 까불까불거리던 내 성격과 전공을 연극영화과로 선택했던 나의 '거침없는 성향'이 조금씩 빛을 발하기 시작했다. '영어는 자신감이다'라는 말을 피부로 느낄 수 있었다. 그 시간들을 시작으로 나의 짧지만 아주 의미 있고 멋졌던 어학원에서의 생활이 시작되었다.

어학원 생활을 본격적으로 시작하자마자 나는 '비타민(Vitamin)'이라는 별명을 얻었다. 나는 원래 어딜 가나 분위기를 밝고 재미있게 만드는 걸 좋아한다. 한국에 있다 보면 상황에 맞게, 사람의 성향에 맞게끔 행동하고 컨트롤해야 하는 부분이 있다. 그래서 100% 온전히 나를 못 보여주는 경우가 있었다. 그러나 해외에 있으니 조금은 더 자유롭게 진짜 나를 보여줄 수 있었다. 공부를 할 때 재밌게 웃으면서 하면 더 좋으니까 방해를 주지 않는 선에서 적극적으로 발표하고 분위기를 이끌어 나갔다. 보통 아시아인들은 남녀 불문 수줍음이 많고 나서는 걸 부끄러워하는데, 나에게는 전혀 그런 걸 눈곱만큼도 찾아볼 수 없다며 '넌 아시아인 같지가 않아'라는 말을 주변에서 많이 했다. 그럴 때마다 나는 말했다.

"No, I'm not Asian. I am Angelo" 맞아, 난 아시안이 아니야. 안젤로야!
(Angelo는 나의 영어 이름이다.)

모르는 사람에게 뽀뽀를 한다고?

●

호주에 살면서 한국과는 다른 문화를 가지고 사는 사람들을 보며 가끔씩 놀라곤 했다. 어학원에서 있었던 일이다. 어학원에서 나와 가장 친했던 콜롬비아 친구 '세바스찬'과 함께 점심을 먹기 위해 어학원 내에 있는 휴게실로 갔다. 여느 때와 같이 서로 준비해온 음식을 보여주며 자기 음식이 더 맛있어 보인다고 투닥투닥대고 있었다. 그러던 중 갑자기 콜롬비아 여자아이들 4명이 우리 테이블로 다가왔다. 세바스찬과 친하게 지냈던 걸 알고 있었기 때문에 별 생각없이 '아, 인사하러 오는구나!' 했다. 그렇게 온 4명이 세바스찬과 반갑게 인사를 하는데, 나는 그때 받았던 충격의 소용돌이에서 벗어나기까지 꽤 오랜 시간이 걸렸다. 갑자기 세바스찬이 한 명씩 번갈아가면서 양쪽 볼에 볼 뽀뽀를 하는 것이었다. 볼 뽀뽀는 볼에 입술을 맞추는 게 아니라 볼과 볼을 맞대고 쪽 소리를 내는 뽀뽀이다. 이럴 수가. 아주 신선한 충격 그 자체였다.

'아니 포옹 정도는 그렇다고 쳐도, 어떻게 친구끼리 저렇게 볼 뽀뽀를 하지? 여자 친구도 아니잖아.'

한국에서는 상상도 할 수 없는 인사법이었다. 상상해보라. 이성 친구를 만났는데 맨정신에 반갑다고 그렇게 볼 뽀뽀로 인사를 할 수 있는가? 나는 못 한다. 상상만 해도 오그라들고, 도무지 이해할 수 없는 인사법이었다. 하지만 그게 끝이 아니었다. 그 친구들은 세바스찬과 인사가 끝난 뒤 갑자기 나를 쳐다봤다. 세바스찬과 스페인어로 이야기를 하더니 웃으면서 나에게 다가오는 것이었다. 나는 '충격적'이었던 문화를 체험해 놀란 심장을 진정시키고 반가운 마음에 손을 흔들며 인사를 하려던 찰나, 그 친구들이 차례대로 나에게 볼 뽀뽀를 하는 것이었다. 심지어 나를 처음 보는 것이었는데도 말이다.

'그래, 백 번 양보해서 친하다면 그렇게 인사한다 치자. 근데 생전 처음 본 나도? 이렇게 인사를 한다고?'

나는 당황스러움에 마치 전봇대마냥 우두커니 그 자리에 굳어버렸다. 반대편 투명한 건물 벽에 비치는 나의 흔들리는 동공이 당황스러움을 말해주고 있었다. 그 친구들에게 인사하려고 들었던 나의손 또한 민망함에 어쩔 줄을 몰라 하고 있었다. 그래도 빨리 정신을차려서 최대한 자연스러운 척, '나는 다 알고 있다. 하나도 어색하지않다'는 연기를 하면서 그 친구들이 민망하지 않게 같이 볼 뽀뽀를해주었다.

아빠가 출근할 때 뽀뽀뽀
엄마가 안아줘도 뽀뽀뽀

만나면 반갑다고 뽀뽀뽀

헤어질 때 또 만나요 뽀뽀뽀

'뽀뽀뽀' 노래를 만든 사람은 진정 남미 사람이거나 남미에 오래 살았던 사람이 틀림없으리라.

그렇게 짧은 몇 초였지만 아주 길었던 폭풍 같던 시간이 지나갔다. 간단히 근황을 나눈 채 여자아이들은 다시 자기네들끼리 밥을 먹으러 갔다. 나는 세바스찬에게 물었다.

"이거 뭐야? 무슨 일이야 이게?"

"뭐가?"

"아니, 볼 뽀뽀 말이야. 원래 친구들끼리 이렇게 인사해?"

"당연하지. 그럼 어떻게 인사해야 되는데?"

"한국에선 보통 친구들끼리는 손 흔들고 인사하거나 포옹하면서 인사를 하지. 그리고 처음 만난 사이엔 악수를 하거나 고개를 숙이면서 인사하는 게 정상이야."

"에이 그게 뭐야, 너무 정 없어 보이잖아. 그럼 만약에 처음 만난 사이에도 저렇게 볼 뽀뽀로 인사하면 어떻게 되는데?"

"바로 감옥행일걸?"

"뭐? 말도 안 돼. 볼 뽀뽀가 뭐가 어때서! 신기하네. 믿을 수가 없어!!!!"

"나는 너가 신기하다. 어떻게 그렇게 인사할 수 있는지!"

까무러치면서 놀라는 세바스찬과 나는 서로의 문화를 바라보며 신기하고 새롭다며 박장대소를 했다.

　　지금은 당연히 적응이 되어서 여행을 할 때마다 남미 친구들이나 스페인, 포르투갈 친구들을 만나면 자연스럽게 볼 뽀뽀 인사가 나온다. 타 문화에 적응하고, 그 문화가 전혀 이질적으로 느껴지지 않을 때 비로소 내가 개인적으로 생각하는 '여행'의 의미가 완성된다.

아리랑 아리랑 아라리요~

‘인터내셔널 데이(International day)'는 매년 어학원에서 열리는 행사이다. 내가 다니던 어학원에는 일본, 대만, 사우디아라비아, 콜롬비아, 아르헨티나, 스페인, 브라질, 스위스, 프랑스, 이탈리아, 독일 등 정말 다양한 나라의 학생들이 있었다. 각 나라가 가진 언어, 문화, 음식 이런 것들은 다 다르다. 그래서 특별히 자신의 나라를 소개하고 알아가는 날이 바로 ‘인터내셔널 데이'이다. 보통 각자 반으로 자기 나라의 음식을 가져와서 소개하고 같이 나누어 먹는다. 그리곤 전체 층에 있는 다른 반을 여기저기 옮겨 다니며 음식을 나눠 먹으며 친목하는 시간을 가진다.

나는 생각했다.

‘우리 어학원에도 한국인들이 몇 명 있으니까, 그 사람들이 분명 한국 음식이든 과자를 가져올 텐데…. 나는 좀 색다른 것을 가져가야겠다.'

그래서 한국인들의 영원한 밥 친구이자 아주 기본적인 집 반찬이지만 기본 이상의 가치를 지닌 단짠의 진수! 바로 ‘김'을 가져갔다. 절대, 절대로 음식하기가 귀찮아서가 아니었다. 정말 특이하지 않은가? 불고기, 비빔밥, 떡볶이 등 한국을 대표하는 음식은 한인 식당에 가면 다 먹어볼 수 있지만 ‘김'은 먹어보기가 쉽지 않을 것이다. 역시나 나의 특별했던 작전은 먹혀들었다. 다들 검은색 종이처럼 생긴 김을 신기해하며 하나씩 먹었고, 아주 맛있다며 감탄을 연발했다. 특히 나랑 어학원에서 제일 친했던 '세바스찬'은 환장을 하며 더 없냐고 계속 김을 먹어댔다. 하지만 이게 끝이 아니었다. 한국에 대한 소개가 김에서 그치기엔 너무 아쉬웠다. 나는 김과 함께 비장의 무기인 '기타'를 가져갔다. 바로 대한민국의 얼과 정서가 담긴, 대한민국의 대표 OST인 '아리랑'을 불러주기 위함이었다.

처음엔 우리 반에서만 불러줄 계획이었다. 열심히 '아리랑'을 알려주고 같이 부르며 신명나게 놀고 있었는데, 어느 순간부터 다른 반에서 한두 명씩 우리 반으로 모이기 시작했다. 그리곤 정신을 차려보니 나는 다른 반을 돌며 '아리랑'으로 순회공연을 하고 있었다. '아리랑'이라는 단어는 다른 한글 단어에 비해 발음하기 어려운 단어가 아니었다. 그래서 외국인 친구들도 쉽게 같이 따라 부를 수 있었다. 판은 커져만 갔고, 어느새 나는 학원에서 제일 넓은 2층의 로비에 서 있었다. 탁구장, 소파, 컴퓨터 등이 있어 쉬는 시간마다 학생들이 쉬고, 놀고, 먹을 수 있는 그 큰 로비에 웬 한국인 한 명이 기타를 들고 서 있었다.

'그래, 이왕 이렇게 된 거 아리랑을 전파하자!'
나는 큰 소리로 사람들을 모으기 시작했다.

"안녕 얘들아. 반가워!! 나는 한국에서 온 안젤로라고 해. 지금부터 한 명도 **빠짐없이** 나에게 집중해줘! 지금부터 나는 우리나라 대한민국의 전통 노래인 아리랑을 이 기타를 치면서 부를 거야. 그러니까 다 같이 모여서 노래를 들으며 즐겨줬으면 좋겠어."

웬 까무잡잡한 아시아인 한 명이 고래고래 소리를 치며 사람들을 모으니 신기했는지, 하나둘씩 내 앞으로 모이기 시작했다.

"한국어 노래이긴 하지만 후렴구인 '아리랑'은 쉽게 따라할 수 있을 거야!! 따라해 봐. 아~리~랑~ 쉽지? 자 그럼 날 따라 같이 불러보는 거야!"

아주 신명나는 표정으로 기타를 연주하며 노래를 부르기 시작했다.
"아리랑 아리랑 아라리요~ 아리랑 고개로 넘어간다~"

뒤의 가사는 너무 어려울 것 같아서 생략하고 다시 처음으로 돌아가 즉석으로 개사를 해, 어학원 친구 이름을 넣어 불렀다.

"줄리~ 줄리~ 주우우울리~ 제이슨 제이슨 제에에이슨~"

그리고 다시 "아리랑 아리랑 아라리요~ 아리랑 고개로 넘어간다~"

반응은 가히 폭발적이었다. 친구들의 이름을 넣어 불러주니 다들 너무 좋아하고 재미있어 했다. 나중엔 심지어 수십 명이 넘는 인원이 같이 따라 부르기 시작했다. 잘 알지도 못하는 한글로 된 노래를 따라 부르던 장관. '아리랑'이 한국인들에게 기본적으로 주는 정서와 원인 모를 뭉클함이 맞닿아 엄청난 감동을 내뿜었다.

재미로 알려주기 위해 시작한 '아리랑' 연주는 어느새 콘서트가 되어 버렸다. 그 순간만큼은 한국을 대표하는 가수가 되어 있었다. 노래가 끝날 즈음엔 연주를 멈추고, 탈춤이라고 부르기엔 민망한, 출처를 알 수 없는 춤사위를 선보였다. 그리곤 춤을 추며 마지막 '아리랑' 파트를 부르고 아름다웠던 콘서트를 마무리했다.

노래가 끝나고 1초 정도 지났을까. 우레와 같은 박수, 찢어질 듯한 환호와 아우성(조금 과장해서) 그리고 휘파람 소리가 어학원 안을 가득 채웠다. 이렇게까지 좋아해주고 즐겨주다니. 게다가 한국의 전통 노래를 통해 조금이나마 한국을 알릴 수 있어서 감사하고 뿌듯했던 시간이었다.

ANGELO CHOI
Korean Student - Langports Brisbane

Let's sing and dance on our International Day!
Angelo Choi our Korean student at Brisbane campus
was playing a traditional Korean song and teaching
us traditional Korean dancing! Everyone was having
a good time!

내가 다녔던 어학원은 호주에서 꽤 큰 어학원이여서 sns페이지를 가지고 있
었는데, 그 페이지에 내 영상이 업로드가 되었다.

버킷 리스트 1호를 호주에서 이루다

지금 이 글을 보고 있는 당신의 버킷 리스트는 무엇인가? 죽기 전에 정말 이것만큼은 꼭 해보고 싶은 게 있다면 무엇인가?

그 리스트는 먹는 음식이 될 수도, 어떤 나라가 될 수도, 가슴 뛰는 액티비티가 될 수도 있고, 평소 배워보고 싶었던 것이 될 수도 있으며 무엇이든 될 수 있다. 혹 버킷 리스트에 대해 한 번도 생각해보지 않았다면 지금 한 번 생각해보라. 누구나 자신의 인생을 살아가면서 추구하는 가치관들이 다 다르고, 목표가 다르다. 하지만 인생은 똑같은 인생이다. 때로는 바쁘게, 쉼 없이 달려가야 하는 삶의 굴레 속에서 무료함을 느낄 수도 있다. 소설 『연금술사』에 이런 말이 나온다.

'인생을 살맛나게 해주는 것은 꿈이 실현되리라고 믿는 것이지.'

무료해지는 삶 속에 본인만의 버킷 리스트가 있다면 조금이나마 위안이 되지 않을까? 그것을 이루기 위해, 성취하기 위한 레이스를 시작한다면 더 생기 있는 삶이 될 것이다. 만약 버킷 리스트가 있다면 적절한 시기에, 본인에게 허락되는 그 기회에 꼭 한번 이루어 보길 진심으로 응원한다.

나는 호주가 아니더라도 어디서든 상관없으니 꼭, 정말 죽기 전에 꼭 해보고 싶었던 버킷 리스트가 있었다.

그건 바로, 15,000ft(약 4,500m) 상공, 끝이 보이지 않는 광활한 하늘 한가운데서 날다람쥐마냥 진정 자유를 만끽하며 뛰어내리는 '스카이다이빙'이었다. 평소에 놀이기구도 좋아하고 익스트림한 스포츠도 좋아하는 나에게 '스카이다이빙'이란 정말 꿈의 액티비티였다. 보통 유럽 여행에서 많이들 하는데, 그 이유는 하늘에서 내려올 때 아름다운 풍경을 볼 수 있기 때문이다. 하지만 호주에서도 그에 못지않은 환상적이고 아름다운 풍경을 볼 수 있기에, 나는 일 초의 고민도 없이 호주에서 하기로 결심을 했다. 그렇게 나는 어학원 친구들과 함께 꿈에 그리던 버킷 리스트를 이루기 위해 '바이런베이(Byron Bay)'라는 해안 도시로 출발했다. 가는 길에 설레던 마음과 기분 좋은 긴장감은 나를 너무 행복하게 만들었다.

스카이다이빙장에 도착하니 유의사항과 앞으로 진행될 사항에 대해 설명을 해주고는 어떤 '서류'를 작성하라고 했다. 혹여나 불의의 사고로 인해 '사망' 혹은 '부상'을 당했을 때의 보상 관련 보험 서류였다. 보험에 가입하려면 30불(약 25,000원)을 추가로 내야 했다. 그 돈이면 빅맥 세트 세 개를 먹을 수 있었다. 어차피 죽으면 끝인데 굳이 가입할 필요가 있을까 하는 생각이 들어서 빅맥 친구들과의 의리를 위해 사뿐히 보험을 포기했다. 자리에 앉아 다이빙 순서를 기다린 지 몇 시간 정도가 지나고, 경비행기를 타고 저 끝없이 펼쳐진 높은 하늘로 올라가는 시간이 다가왔다. '이제 몇 분 뒤면 나는 항상 상상만 하며 꿈꿔오던 순간을 만끽한다!'라고 생각하니 심장이 쿵쾅쿵쾅거렸다. 나와 같이 뛰어내릴 스페인 출신의 전문가 '호세'와 인사를 하고 경비행기에 올랐다. '부아아앙' 소리와 함께 비행기가 서서히 움직이기 시작했다.

'우오오오오오 진짜 간다!!'

비행기는 약 15분 정도 하늘로 올라갔고, 어느 순간 공중에서 멈추었다. 그리곤 서서히 경비행기의 문이 열리기 시작했다. 여기가 하늘 위인지, 바다 앞인지 모를 만큼 아주 짙은 파란색의 광경이 나를 반겼다. 앞에서부터 같이 올라온 친구들이 하나둘 순서대로 뛰어내리기 시작했다. 거의 다 뛰어내리고 이제 내 순서가 다가왔다. 아직 낙하하기 전이지만, 이때 느꼈던 전율이 오히려 뛰어내릴 때보다 더 짜릿했던 거 같다. 슬금슬금 엉덩이를 앞으로 조금씩 당기며 드디어 열린 문턱에 앉았다. 시끄러운 굉음과 쉴 새 없이 몰아치는 바람이 나의 멋진 얼굴을 강타했다. 이제 5초 뒤면 떨어진다. '낙하산이 안 펴지면 어떡하지?', '뛰어내리다 기절하면 어떡하지?'라는 걱정은커녕 한시 빨리 저 멀리 보이지도 않는 땅을 향해 몸을 내던지고 싶었다. 날고 싶었다.

5 · 4 · 3 · 2 · 1
점프!

잠시 동안이었지만 나는 하늘을 날고 있었다. 항상 상상만 해보

던 순간이 마침내 현실이 된 것이다. 떨어지는 그 짧은 찰나에도 불구하고 오감을 다 느꼈다. 끝없이 펼쳐진 광활한 하늘을 보았고, 하늘에 있음을 증명해주는 바람을 느끼며 소리를 들었다, 또 그 바람의 향을 맡았고, 입을 벌려 바람을 마시며 맛도 봤다. 얼마나 상쾌하던지. 약 1분가량 온몸으로 자유를 느끼며 낙하를 한 뒤 낙하산을 폈다. 그 후엔 경치를 찬찬히 음미하며 지상으로의 귀환을 시작했다. 높은 곳에서 대자연을 보면서 내려올 때의 기분도 말로 참 형용하기가 힘들다. 산 정상에 올라가서 밑을 내려다보는 풍경과는 차원이 다른 그림이었기에… 뭐랄까, 시간이 멈추어버렸으면 좋겠다는 생각이 들 정도로 경이롭다 못해 황홀할 지경이었다. 그렇게 10분 정도를 계속 하강했고, 무사히 땅에 안착했다.

성공적인 '스카이다이빙'이었다.

내게 '스카이다이빙'은 단순히 버킷 리스트를 이룬 성취감을 주는 정도에 그치지 않았다. 차디찬 바람을 뚫고 낙하하던 그 순간은, 앞으로 내게 생길지도 모르는 고난과 역경을 훌훌 털어버릴 수 있다는 용기를 주었고, 무엇이든 해낼 수 있다는 자신감을 내 가슴속에 불어넣어 주었다. 여러모로 아주 의미 있었던, 나의 첫 '버킷 리스트' 성취의 날이었다.

새로웠던 만남 그리고 새로운 시작

●

여행을 많이 하거나 다양한 사람들을 만나는 사람들이 많이 하는
말이 있다.

"진정한 배움은 사람으로부터 온다."

우리는 사람이라는 존재가 가지는 가치가 얼마나 귀하고 중요한
지 알고 있다. 그러나 직접 겪어보기 전에는 그 말을 상상해볼 뿐이
다. 3개월의 호주 생활이 흘렀을 때, 나는 그 말이 무슨 뜻인지 알 수
있었다.

치과 의사인데 영어를 너무 하고 싶어서 일을 그만두고 온 친구,
외과 의사인데 호주에서 일을 하고 싶어서 온 친구,
철학을 가르치는 선생님이었는데 갑자기 외국에서 바텐더가 하
고 싶어 영어를 배우러 온 친구,
은행원인데 장기간 휴가를 내서 영어를 배우러 온 친구,
대학교 휴학 기간에 온 친구,
구직을 위해 영어를 배우는 친구 등 다양한 목적을 가지고 호주
로 온 사람들을 만났다.

다양한 사람들과 다양한 문화를 접하다 보니 이해심이 많이 생기게 되었고, 다양함을 인정하게 되었다. 그와 동시에 내 스스로 인정되는 부분과 인정되지 않는 부분들을 정리할 수 있었다. 한국에서 '불만족'으로 느꼈던 것들이 어쩌면 좋은 점일 수도 있다는 생각도 들었다. '공부'와 '일'에서는 배울 수 없는 특별한 무엇이었다. 짧다면 짧고 길다면 길다고 할 수 있는, 한여름 밤의 달처럼 밝게 빛났던 그 기간 동안, 나는 이전의 나보다 성장해 있었다.

내 안에 잠재되어 있던 조금 더 큰 세상을 발견하고 마주할 수 있음에 감사했다.

어떠한 과정의 끝에 다다를 때, 누구도 빼놓지 않고 똑같이 느끼는 것은 '시간은 참 빨리 간다'는 것. 당시엔 잘 모르고 그냥 흘러가는 대로 살지만 어느새 정신을 차려보면 지나온 시간들은 벌써 저 멀리 멀어지고 있다. 호주에서 생에 첫 해외 생활을 시작한 지 벌써 3개월이 지나 있었다. 그동안 동고동락했던 '콜린' 가족과 어학원에서 아주 신나게 학원 생활을 했던 친구들과 '잠시' 이별을 고할 때가 온 것이다. '만남이 있으면 이별도 있다'라는 고리타분한 진실을 직접 대면하니 참 시원섭섭했다. 애석하지만 결국 시간이 빠르게 지나감을 겸허히 받아들여야 했다. 내게는 '가족'이자 '선생님', '친구'로 남은 이들과 작별 인사를 하면서 언젠가 다시 볼 날을 기약했다. 어쩌면 남은 생에 다시 볼 수 없을지도 모른다. 그럴 확률이 높다. 그러나 이 친구들과 함께 했던 추억들은 평생 내 옆에 있을 것이다. 보

어학원 졸업식 날, 백 명이 넘는 친구들 앞에서 졸업 자축 영상을 찍었다.

고 싶을 때마다 추억을 회상하며 그 추억 속에서 다시 만나 깔깔대던 순간으로 돌아가겠지.

생각만 해도 가슴이 두근두근 떨려오는 기분 좋은 '추억'들을 가슴에 품고, 나는 또다시 새로운 세상으로의 도약을 시작했다.

호주 워킹 홀리데이는 기본적으로 1년 거주할 수 있는 비자를 준다. 만약에 1년을 더 거주하고 싶다면 '세컨드 비자'라는 걸 취득할 수 있다. 그러니 총 2년을 호주에 있을 수 있는 셈이다. '세컨드 비자'는 그냥 신청한다고 다 주는 게 아니고, '농장' 혹은 '공장'에서 법정 일수로 88일 이상을 일해야 하는 조건을 충족해야만 신청할 수 있다.

처음엔 농장을 가야 하는지, 공장을 가야 하는지 고민했다. 나는 사실 '돈'에는 큰 욕심이 없었다. 물론 세계 여행을 가는 경비를 모아야 했지만, 그 경비는 세컨드 비자를 따고 정식적으로 일을 할 때 모을 계획이었다. 그래서 꼼꼼하게 따져보고 생각해본 결과, 돈을 많이 주지만 힘든 공장 대신 돈을 많이 안 줘도 비교적 편하게 일할 수 있는 '농장'으로 다음 스텝을 정했다. 인터넷 검색과 워홀을 다녀온 지인들을 통해 농장 정보를 수집한 결과 '번다버그'(브리즈번 북쪽에 있는 도시)라는 지역에 있는 '농장'이 제일 무난하다고 생각했다.

솔직히 말해서 '한국인'이 많지 않은 곳으로 가고 싶었다. 한국인들끼리 있으면 분명 한국어로 대화를 할 것이고, 그렇다면 자연스레 내 영어는 퇴화될 것이기 때문이었다. 그렇게 되면 호주를 온 목적 중 하나를 이루지 못하는 것이었다. 하지만 호주에는 워낙에 한국인들이 많아서 한국인이 없는 농장을 찾기는 힘들었다. 결국 어쩔 수 없이 울며 겨자 먹기로 번다버그에 한국인이 오너로 있는 농장에서 일을 시작했다.

지금 생각해보면 호주에서 가장 재미있었던 순간들 중 절반이 농장에서의 에피소드들이다. 즉 한국인이 많은 농장으로 간 것은, 마치 양현석이 지드래곤을 키우고, 박진영이 수지를 캐스팅한 것 같은 '신의 한 수'였다.

나의 첫 농장에서의 일은, 캡시컴(고추의 한 종류, 생긴 게 파프리카같이 생겼다.)을 따는 일이었다. 브리즈번은 대체로 더운 날씨라서 대낮에 '피킹'(작물을 재배하는 것)을 하면 지옥을 다녀오는 일과 동일하기에 보통 오전 일찍 일을 시작한다. 캡시컴 피킹은 새벽 6시부터 오

어학원 반 친구들을 데리고 한식당에 가
서 한식을 소개해주었다. 다들 맛있게
먹는 모습을 보니 어찌나 흐뭇하던지

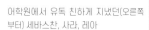

어학원에서 유독 친하게 지냈던(오른쪽
부터) 세바스찬, 사라, 레아

후 1시 정도까지 했다. 길게 늘어진 여러 개의 라인이 있고, 한 명당 한 라인을 걸어가며 큰 바스켓에 재배한 캡시컴을 채워 넣는 방식이다. 캡시컴은 감자나 고구마처럼 바닥에서 나는 작물이다. 그 말은 즉 캡시컴을 딸 때 허리를 많이 숙여야 되고, 체력적으로 조금 힘들 수 있다는 뜻이다. 하지만 나는 택배 상하차같이 몸을 많이 쓰는 아르바이트를 한 경험도 있고, 특공대에서 군 생활을 했기 때문에 체력에는 자신이 있었다.

'힘들어 봤자 얼마나 힘들겠어. 그리고 힘들어도 3개월 정도만 버티면 되니까 괜찮을 거야.'라는 생각으로 농장 일을 시작했다.

그·러·나! 신은 가혹했다. '자신감'으로 똘똘 뭉쳐있던 나의 당찬 의지는 시작한지 이틀 만에 송두리째 뽑혀버렸다. 이걸 계속 해야 되나 싶을 정도로 농장 일은 생각보다 힘들었다. 허리가 진짜 말 그대로 끊어지는 줄 알았다. 그도 그럴 것이 하루 종일 멧돼지처럼 밭을 헤집고 다녔으니 허리가 남아날 일이 없었다. 그럼에도 불구하고 '이런 일을 또 언제 해보겠냐고, 좋은 경험이야'라고 생각하며 나를 다독여주곤 했다.

고되었던 캡시컴 피킹을 한 지 3주 정도 지나고, '주키니'(애호박)라는 작물로 갈아탔다. 주키니가 비교적 비싼 작물이라서 돈은 좀 더 벌 수 있었지만 힘든 건 매한가지였다. 감사하게도, 내가 농장에 갔을 때는 일이 많이 없는 시즌이라 2일 일하고 하루 쉬는 패턴으로 일을 했다. 그래서 그나마 버틸 수 있었던 것 같다. 사실 돈을 벌기에 턱없이 부족한 스케줄이었지만 상관없었다. 그냥 세컨드 비자를 위한 일수만 채우면 되었으니까.

농장 일을 하며 느끼기엔 굉장히 거창한 깨달음일 수도 있지만, 고통과 고난을 이겨낼 수 있게 하는 힘은 '미래에 대한 희망'이라는 것을 많이 느꼈다. 나의 경우엔 '세컨드 비자'가 그 희망이었다. 힘든 일을 하니 불평도 많이 늘고 허리가 아파서 짜증도 났다. 그럼에도 지금 이 과정이 마지막에 내게 선사해줄 달콤한 순간을 기대하며 힘을 냈다. 마치 전역을 기다리는 말년 병장처럼.

(농장의 페이 시스템은 시급제, 능력제 이렇게 두 가지로 나뉜다. 시급제는 말 그대로 시급을 받으면서 일하는 것이고, 능력제는 본인이 한 만큼 돈을 받는 것이다. 예를 들어 캡시컴 한 바구니에 1달러라고 치자. 그러면 똑같이 1시간을 일해도, 10바구니를 채운 사람과 50바구니를 채운 사람의 페이는 다른 것이다. 시급제로 일할 것인지, 능력제로 일할 것인지도 본인의 능력과 계획에 따라 정하면 된다.)

그러던 중, 근처 다른 농장에서 딸기 '팩킹'(재배한 작물을 포장하는 것)하는 사람을 구한다는 고급 정보를 입수했다. 농장 일을 경험해본 결과 픽킹이든 팩킹이든 어느 하나 쉬울 게 없었다. 그래도 몸을 쓰며 힘들게 픽킹하는 것보다는, 하루 종일 서서 일하긴 하지만 힘쓰는 일 없이 팩킹을 하는 게 조금은 더 낫다고 생각했다. 그렇게 한 달

손에 든 것은 바로 주키니(애호박)이다. 징그러울 정도로 크다.

끝없이 펼쳐진 캡시컴 밭과 채워도 채워도 끝이 안 나는 캡시컴 바구니

좀 넘는 캡시컴 농장에서의 생활을 정리하고 같이 일하던 형들과 함께 딸기 농장으로 옮겼다. 농장 제2의 서막이 시작되는 순간이었다.

'딸기야, 넌 왜 이제야 나를 찾아왔니? 아니야, 미안해. 내가 널 더 일찍 찾았어야 했어.'

팩킹은 일을 끝내고 돌아왔을 때의 피로도도 현저히 낮았고, 일의 강도 또한 캡시컴과 쥬키니 픽킹보다 훨씬 쉬웠다. 일하는 시간도 픽킹보다는 늦게 시작했다. 오전 일찍 픽커들이 나가서 따온 딸기들을 오전 10시부터 포장하기 시작하는 그런 루틴이었다. 팩킹 같은 경우는 하루 종일 서서 일하긴 했지만 이어폰으로 음악을 들으면서 일을 할 수 있었기 때문에 그리 심심하지도 힘들지도 않았다. 감사하게도 모든 것이 비교적 완벽했던 '딸기 농장'이었다.

그렇다면 농장 일을 제외한 번다버그에서의 일상생활은 어땠을까? 세세하게 모든 에피소드들을 나열할 수는 없지만, 이보다 더 재미있게 놀고먹을 수 있는 시간들이 앞으로 살아가면서 또 있을까 싶다. 한국에서도 일하고, 놀고먹는 시간들이 있다. 그런 생활 가운데서도 '내일'에 대한 부담감 혹은 책임감은 항상 존재한다. 내일 다시 일을 해야 하고 공부를 해야 하는 현실의 굴레를 생각할 때 오는 답답함의 무게는, 때로는 무겁게 느껴지기도 한다. 그러나 호주에서의 생활 속에서 그런 부담은 없었다. 호주에서 얻어갈 것은 '경험', '영어', '세계 일주를 위한 경비'밖에 없었기 때문에 어떠한 부담감 없이 모든 생활을 재미있게 즐길 수 있었다.

캡시컴 농장에 있을 때 숙소에는 12명 정도 되는 사람들이 함께 머물렀다. 그 중에 네덜란드 친구 한 명을 제외하곤 다 한국인이었다. 나는 호주로 갈 때, 기회가 된다면 외국인 친구들에게 가르쳐주고 함께 놀면 좋겠다 싶어서 한국 민속놀이의 꽃인 '윷'을 가져갔다. 가져갈 당시 윷이 농장 생활에서 쓰일 거라고는 상상하지 못했다. 우리는 일이 끝나고 쉴 때 팀을 나눠서 윷놀이를 통해 치킨, 피자 내기를 하고, 같이 한국 음식을 만들어 먹고, 축구나 탁구도 같이 하고, 프로젝터로 영화도 보면서 정말 재미있는 시간을 보냈다. 특히나 힘들게 일을 끝내고 와서 숙소에 모여 끓여먹던 라면 맛은… 감히 말하건대 천국의 맛이었으리라.

딸기 농장에서의 생활도 정말이지 윤택했다. 캡시컴 농장에 있을 때는 50명이 넘는 직원들이 다 모여 살지는 않았고 각자 흩어져 살았다. 딸기 농장에서는 각자 집들이 모여 있는 작은 마을 같은 곳에서 모든 직원들이 모여 살았다. 그래서 가끔씩 일 끝나고 옆 숙소에 가서 놀기도 하고, 같이 음식을 해서 먹기도 했다. 역시나 영화와 윷놀이는 빠지지 않았다. 내가 살았던 집에는 남자 6명이 살았는데, 군대 같은 분위기 속에서 남자들끼리 투닥투닥 콩닥콩닥 아주 재미있게 살았다. 호주에 있으면서 '한식'을 가장 많이 먹었던 시간들이

기도 했다.

열심히 일하고 놀고 먹으면서도 영어 공부는 꾸준히 했다. 즐길 건 즐기되 할 건 해야 했으니까. 한국인들과 거의 3개월을 넘게 시간을 보내야 했으니 영어를 꾸준히 안 쓰면 영어 실력이 퇴화할 것은 분명했다. 고작 3개월 안 쓴다고 뭐가 크게 달라지냐고 할 수도 있겠다. 진짜 별 차이 없을 수도 있지만, 나는 그 별 차이마저도 줄이고 싶었다. 그래서 캡시컴 농장에 도착해 일에 적응하고 며칠 뒤부터 바로 영어 공부를 시작했다. 이런저런 방법을 알아보다가 화상 영어를 해야 겠다고 마음을 먹었고, 일이 끝나고 나서 숙소에 도착하면 좀 쉬다가 화상 영어를 1시간씩 주 5일을 했다. 1시간은 공부하는 시간으로 치면 굉장히 짧은 시간이지만 그래도 꾸준히 하는 데에 의의를 두었다. 일이 늦게 끝나서 늦은 저녁을 먹고 다들 씻고 잘 준비를 할 때에도 나는 악착같이 무조건 화상 영어를 하고 쉬었다. 역시 의지가 있으니 버틸 수 있었다. 조금은 극성맞고 유난스럽게 보였을 수도 있는 내 확고한 의지는 역시나 큰 도움을 주었다. 영어 실력에 '진전'이 있었는지는 잘 모르겠지만 최소 '유지'는 할 수 있었다.

세컨드 비자 일수를 위한 농장에서의 16주의 시간은 언제나 그렇듯 금세 지나갔다.

세컨드 비자를 취득하려면 어쩔 수 없이 해야만 했던 농장 생활은 마치 군대 생활 같았다. 똑같은 일과 반복되던 패턴 속에서 지루

이렇게 딸기 트레이가 쭉 들어오면 하나씩
꺼내서, 옆에 보이는 플라스틱으로 된 용기
에 포장을 하면 된다.

하지 않기 위해, 그 시간들을 즐기려고 부단히 애쓰던 시간이었다. 그런 노력과 동시에, 끝나지 않을 것 같던 이 시간들을 눈 깜짝할 새 지나가게 만들었던 요소는 바로 '즐거움'이었다. '즐거움'을 위한 기다림은 길지만, 막상 즐거움을 만나고 나면 그것은 금세 떠나버린다. 여행을 시작할 때는 귀국 날이 한참 남은 거 같지만, 새로움에 빠져 시간을 보내다 보면 내일이 귀국 날임을 알아차리는 것처럼. 평일을 열심히 보내고 주말에 신나게 놀다가 정신을 차려보니 내일 다시 출근을 해야 하는 참혹한 현실을 알아차리는 것처럼.

매번 철저한 계획을 하고, '잠자는 시간은 무의미하다'라는 생각으로 바쁘게 살던 한국에서의 삶을 벗어나 '내일'에 대한 걱정 없이 마냥 즐겁게만 보냈던 이 시간들은 너무 소중한 추억으로 내 가슴속에 남아있다.

나름 척박한 상황 속에서 좋은 사람들을 만나서 즐거웠고, 좋은 환경을 통해 다치지 않고 무사히 농장 생활을 마무리할 수 있어서 참 감사한 시간들이었다. 지금도 가끔씩 문득 생각나는 기분 좋은 나의 '번다버그' 생활, 나에겐 축복 같은 시간이었음은 틀림없다.

나의 친구, 영원할 그 이름 '그레이'

●

호주는 땅이 워낙 넓어서 자가용이 있으면 좋다. 사실 도시에 있으면 지하철이나 버스 같은 대중교통이 잘 되어 있어서 문제가 없다. 그러나 조금만 외곽으로 나가려고 해도 교통이 불편한 건 사실이다. '번다버그'는 호주에서 조금 외곽에 있는 도시이기 때문에 대중교통을 이용하기가 어려웠다. 그래서 농장에 있을 때도 차를 가지고 있는 사람들이 있어서 그 사람들 차를 타고 출퇴근을 하고, 장을 보러가곤 했다. 어디 놀러갈 때도 차가 있는 사람들에게 부탁해 같이 나가곤 했다.

그러던 중, 같이 일하던 대만 친구가 대만으로 돌아가게 되어서 차를 판다는 것이었다. 게다가 파는 가격이 상상을 초월할 정도로 저렴했다. 놀라지 마시라. 500불에 판다는 것이었다. 한국 돈으로 약 40만 원 정도 하는 가격이었다. 당연히 차의 연식은 1999년식으로 사람으로 따지면 할아버지 정도인 차였고, 전체적인 상태도 좋지 않았다. 하지만 너무 잘 달리는 차였다. 귀국할 때 한국으로 가져갈 것도 아니고, 호주에 있는 동안만이라도 타고 다니면 너무 편하고 좋을 것 같았다. 나는 농장 일을 마무리하면 호주 정가운데에 위치해 있는 사막, '울룰루'라는 지역에 있는 리조트에서 일할 계획을 갖고 있었다. 차와 함께 울룰루로 가면서 로드 트립을 할 수 있는 기회도 생기는 것이다. 저렴한 가격에 확실한 명분까지. 구매하지 않을 이유가 없었다.

그렇게 차를 구매하였고 이름을 지어주었다. '그레이'(차가 회색이었다.) 역시나 그레이가 있으니 너무 편했다. 나의 그레이는 비록 늙었지만 마음만은 청춘이었다. 그레이와 함께 번다버그 시내를 돌아다닐 때는 정말 남부럽지 않았다. 그러던 어느 날, 울룰루로 떠나기 며칠 전부터 쌩쌩 잘 달리던 나의 그레이가 아프기 시작했다. 시동이 갑자기 꺼지고, 잘 안 걸리는 것이었다. 그러다 갑자기 또 시동이 잘 걸리다가 또 안 되고…. 이런 상황이 반복되었다. 오래된 차에서 보는 당연한 현상이었다. 상태는 심각해져서 자칫하면 그레이를 잃을 수도 있는 상황이었다. 주변 사람들은 말했다. 이미 승산이 없다고. 편히 보내주라고. 폐차가 답이라고…. 하지만 나는 이대로 그레이를 포기할 수 없었다. 우리는 함께 가야 했다. 함께 3,226㎞가 되는 거리를 달리며 드넓게 펼쳐진 호주의 땅을 탐험하기로 약속했었다. 진한 회색이었을, 나이가 들어 빛이 바랜 오른쪽 귀(사이드 미러)에 대고 말했다.

"이대로 떠나면 안 돼 그레이. 일어나. 포기하지 마. 우리 약속했잖아. 끝까지 달려야 해."

나의 간절함이 부족했던 탓이었을까. 내가 더 성실히 간호를 못한 탓이었을까. 결국 그레이는 내 곁을 떠났다. 폐차장으로. 홀로 남겨진 나는 어찌할 바를 몰랐다. 내가 마트를 갈 때도, 출퇴근을 할 때도, 어딜 가나 항상 함께였던 그레이였는데….

평생은 아니지만 꽤 오랜 시간 나와 함께 할 거라 생각했는데, 이렇게 작별 없이 예기치 못하게 떠나다니 허전했다. 그리고 보고 싶었다. 그레이를 좋은 곳으로 보내고 혼자 울룰루로 떠났다. 조금 시간이 지나 깨달은 사실이지만 그레이는 나를 위해 그렇게 떠난 것 같았다. 호주는 땅이 너무 넓어서 가끔씩 도로를 달리다 보면 휴대폰 신호가 안 터지는 곳이 많다. 즉 잘 가고 있다가 어떤 이름 모를 도로 한가운데서 차가 멈춰버리면 답도 없는 것이다. 정말 심각한 상황 속에서 지나가는 차가 올 때까지 표류해야 할 수도 있었고, 위험한 상황에 처할 수도 있었다.

'그래서 떠났구나. 넌 끝까지 나를 생각하고 배려했어. 고마워 그레이. 널 잊지 않을 거야.'

그레이가 보고 싶은 밤이다.

호주 동물원에서 왈라비(캥거루의 한 종류),
코알라와 함께

공감이 주는 위로

사람들은 외로움이나 혼란을 겪을 때,

다양한 문제 속에서 주변 사람들에게 도움을 청할 때가 있다.

가령 이 상황에서는 어떻게 하면 좋을지 조언을 구한다거나,

힘들다고 잘 모르겠다고 넋두리를 하기도 한다.

그런 상황 속에서 도움을 청한 사람을 배려하고 신경 쓴 나머지,

도움을 준답시고 한 나의 말과 행동들이

상황을 더 악화시키는 경우를 보기도 한다.

정말 그 상황에 맞는 조언이나 해결책들이 도움이 되기도 한다.

그러나 때로는 실질적인 도움이 아닌

'공감'을 통한 위로가 더 큰 힘을 발휘할 때가 있다.

답을 주는 것도 중요하지만

그 과정을 함께 풀어감 또한 가치 있는 일이라는 것을 잊지 말자.

우는 자와 함께 울고,

슬퍼하는 자와 함께 슬퍼하고,

기뻐하는 자와 함께 기뻐하는 것.

그냥 가끔은 진심을 담아 '공감'해주는 것을 통해

위로와 용기를 주는 것이 최고의 해결책이 아닐까.

울랄라? 아니죠 울룰루!

●

농장 일을 끝내고 무슨 일을 하면 좋을지 고민을 많이 했다. 카페, 식당 같은 곳에서 서빙을 하거나 한국에서도 아르바이트로 할 수 있는 일을 호주에서 만큼은 하고 싶지는 않았다. 그 일들이 하찮아서가 아니라 이미 한국에서 많이 경험해본 일이었기 때문이었다. 새로운 경험을 해보고 싶었다. 한국에서는 할 수 없고, 오직 호주에서만 할 수 있는 일. 그러나 사람 사는 곳은 다 똑같은지 한국과 비슷비슷한 분야의 일밖에 없었다. 그러던 중 아주 특이한 직업의 정보를 입수했다. 바로 '악어 농장'에서 일하는 것이었다.

악어 농장이라…. 이 얼마나 특이하고 특별한 일인가. 관심이 생겨서 더 자세하게 '악어 농장'에서 일하는 정보를 찾아봤다. 아기 악어들의 배설물을 치우는 일, 먹이를 주는 일, 청소하는 일, 대형 악어들에게 먹이를 주는 일 등 다양한 파트가 있었다. 무슨 파트에서 일을 하든 재미있겠다고 생각하며 보던 도중, 우연찮게 악어 농장에 대한 기사를 보게 되었다. 그리곤 단번에 일해야겠다는 마음을 접게 되었다.

악어 농장에서 가장 시급이 높은 파트는 악어가죽을 벗기는 파트였다. 단순히 가죽을 벗겨내는 게 징그러워서가 아니었다. 중요한 사실은 죽은 악어의 가죽을 벗기는 것이 아니라 살아있는 악어의 가죽을 벗기는 것이었다. 명품 브랜드에서 악어가죽을 수입하는데, 죽어있는 악어의 가죽은 피가 응고되어 질이 좋지 않기 때문에 피가 응고되지 않아 질이 좋은, 살아있는 악어의 가죽이 필요하다는 게 이유였다. 비록 그 파트에서 일을 안 할지라도 기사를 보고 나니 악어 농장에서 일할 용기가 나지 않았다.

다시 일할 곳을 찾기 시작했다. 곰곰이 생각해 보니 멀쩡히 잘 다니고 있던 회사를 퇴사하고 일을 하는 것이기 때문에 이왕이면 한국으로 돌아왔을 때 경력이 될 만한 일을 하는 것도 좋겠다고 생각했다. 그러던 중, 리조트나 호텔에서 일하면 어떨까 하는 생각이 들었다. 평소 서비스업에 관심이 많기도 하고, 사람을 대하는 일에 최적화되어 있는 나의 성향과 성격이 잘 맞을 것 같았다. 귀국해서 다른 업계에서 일을 한다고 해도, 호주에 있는 호텔, 리조트에서 일한 경력이 있다면 취업에 플러스 요인이 될 거라는 판단이 섰다. 이 분야에서 일을 하면 다양한 사람들을 많이 만날 수 있고, 다양한 국적의 동료들을 사귈 수 있다. 게다가 보통 직원 숙소가 있기 때문에 숙식비까지 아낄 수 있었다. 시급도 최저 시급보다 높았기 때문에 세계여행을 위한 경비를 모으기에 딱 적합한 일이었다.

호텔, 리조트에서 일하기로 결정을 하고, 어디에 있는 곳으로 갈지를 고민하기 시작했다. 도심에 있는 곳으로 갈지, 외곽에 있는 곳이나 섬으로 갈지 고민이 되었다. 다 일장일단이 있어서 선택하기에 조금 어렵긴 했지만 고심 끝에 '울룰루'라는 지역에 있는 리조트로 결정을 했다. ('울룰루'는 지구의 배꼽이라고도 불리며 호주의 정가운데에 위치해 있는 지역이다. 특이점은 사막이라는 것. 하지만 사람들이 흔히 아는 모로코의 사하라 사막, 몽골의 고비 사막처럼 소름끼치는 고요함과 끝없이 펼쳐진 노란 모래들의 장엄함이 공존하는 곳은 아니다. 곳곳에 나무들도 많고, 관광객들도 많고, 리조트도 있다. 하지만 사막은 사막이다. 4계절 내내 용광로처럼 끓는 더위는 물론 맹독성 뱀, 전갈을 볼 수 있고, 붉은 빛 나는 모래들로 뒤덮여 있는 사막이다. 이런 곳에서 일을 할 수 있다니 생각만 해도 설레는 흥분이 가시지 않았다. 사막 한가운데에 웬 리조트가 있는지 의아해 할 것이다. 사막이라 휑~하긴 하지만 세계에서 가장 큰 단일 바위라는 '에어즈락'과 호주판 그랜드캐니언이라고 불리는 '킹스캐니언', 카타츄타 국립공원 같은 명소들이 많다. 특히나 밤이 되면 어두운 하늘을 찾아볼 수 없을 만큼 빼곡히 밝은 빛으로 물들인 밤하늘의 별을 보기 위해서도 관광객들이 많이 방문하는 곳이다. 푸르른 자연과는 상반된 매력을 가진 특이하고 신선한 이곳은, 시드니, 멜버른, 퍼스와 더불어 호주의 유명한 관광지 중 한 곳이다.)

도시에 있는 호텔이나 리조트 같은 경우는 직접 가서 면접을 볼 수도 있고, 설사 떨어진다 하더라도 도시에 머물면서 다른 곳에 면접을 또 볼 수 있다. 그러나 울룰루는 호주 정중앙에 있는 사막이었고, 일할 곳은 내가 지원한 '에어즈락 리조트'밖에 없었다. 즉 떨어지게 되면 영락없이 사막에 갇히게 되는 것이었다. 다른 호텔이나 리조트에 면접을 볼 수도 없는 것이다. 그 위험을 방지하기 위해 리조트 면접을 '화상 영어'로 봤다. (화상 영어로 인터뷰를 보면 인터뷰 후 합격 불합격 여부를 알 수 있다. 합격을 하면 구직 보장을 받고 '울룰루'로 갈 수 있고, 불합격을 하면 그냥 안 가면 그만인 것이다. 보통 섬에 있는 리조트나 외지에 있는 곳은 화상 영어로 인터뷰를 보는 경우가 있다.)

리조트 안에는 리셉션, 하우스키핑, 키친핸드, 커스터머 서비스, F&B 등 정말 다양한 부서가 있는데, 처음에 나는 'F&B(Food& Beverage)' 파트로 지원했다. 아무래도 레스토랑에서 손님들을 대하는 일이다 보니 영어를 쓸 기회가 많을 것 같은 것이 이유였다. 그러나 음료를 다루는 파트답게 와인과 커피에 대해 해박하진 않더라도 어느 정도 지식이 있어야 했다. 난 평소에 술과 커피를 마시지 않기 때문에 잘 몰랐고, 당연히 보기 좋게 떨어졌다. 개인적으로 쉽게 붙을 거라 생각했는데 떨어지니 살짝 멘붕에 빠졌다. 이제 어떻게 해야 하나 전전긍긍하고 있는데 에어즈락 리조트 인사팀에서 다시 연락이 왔다.

"F&B 파트 면접에 떨어진 것에 대해 유감이에요. 대신에 Laundry service 파트는 어떠세요? 혹시 생각이 있으시면 별개의 면접 없이 바로 일하실 수 있습니다!"

전혀 생각지도 못한 파트와 제안이었다. '조금 시간을 갖고 다른 곳을 찾아볼까?', '저 부서는 생각보다 영어를 쓸 일이 많이 없을 것 같은데 괜찮을까?', '내 이력에 도움이 될까?' 짧은 시간이었지만 많은 고민을 했다. 이래저래 고민해본 결과, 언제 다시 일을 구할 수 있을지 확신할 수도 없는 상황에서 막연한 기대를 갖고 시간을 보내는 것이 아깝다는 생각이 들어 Laundry service에서 일을 하기로 결정했다.

내가 앞으로 일하게 될 부서는 'Laundry service', 즉 세탁물을 관리하는 부서였다. 새벽 6시부터 오후 2시까지 일을 하면서 숙소, 식당, 고객 세탁물 등 리조트 안에서 사용되는 모든 세탁물들을 세탁하고 배송까지 하는 부서였다. 대형 세탁기에서 나오는 빨래들을 기계를 통해 접고 정리하는 단순 노동이었기 때문에 일도 굉장히 쉬웠다. 일도 일이지만 일을 하면서 쉬는 시간, 그리고 일을 끝마치고 난 뒤 친구들과 어울리며 게임도 하고, 운동도 하며 보냈던 시간들이 무척 재미있었다. 생각해 보니 내가 리조트에서 일하는 것은, 애초에 호주에서만 할 수 있는 '특이한 일'을 찾던 내게 맞춤형 일이었다. 사막에서 산다는 것, 그 자체만으로 나에게는 큰 의미가 있었다. 남들이 해보기 힘든 경험을 하고 있는 것이니까. 다수가 하는 경험을 해보는 것도 좋지만 소수가 하는 경험을 해보는 것은 더 큰 축복이라 믿는다.

가끔씩 날이 좋을 때, 밖에 가만히 앉아 바람을 쐬었다. 더운 지방에서 부는 바람이라 아주 시원하진 않지만 느껴지는 신선함이 좋았다. 바람을 느끼며 때론 많은 생각에 잠기곤 했다. 온 사방이 사막이어서 황량해 보일지라도 자연이 주는 여유는 무더운 날씨도 무색할 만큼 아주 시원하고 상쾌했다.

같이 일하는 친구들과 함께 '에어즈락(Ayers rock)' 앞에서 찍은 사진. (뒤에 보이는 건 산이 아닌 바위이다.) 여행 콘텐츠 대표 회사인 '여행에 미치다'에서 '2018 평창동계올림픽'을 응원하는 영상 공모를 했는데, 운이 좋게 선발이 되어 기분 좋았다.

경찰들이 찾아오다

때는 태양이 화가 났는지 아주 매섭게 울룰루를 쏘아보던 뜨겁던 한여름의 오후.

일이 끝나고 친구들과 함께 매트네 집으로 모였다. 매트는 Laundry service에 shift leader로서 관리자의 역할을 감당하는 친구이다. 직원 숙소가 한 마을처럼 다닥다닥 붙어있어서 조금만 걸어서 가면 각자 집이 나오는 그런 구조였다. 특히 매트의 집은 직원 숙소 초입부에 있었다. 그래서 장 보고 오다가 들르고, 심심하면 들르고, 출근 후에 아무 기별 없이 그냥 들르는 우리의 놀이터가 매트의 집이었다.

그날도 다 같이 모여 신나게 음악을 들으며 놀다가 축구 게임으로 유명한 'FIFA 2017'을 하게 되었다. '지는 놈이 오늘부터 이긴 사람에게 아빠라고 부르는 거다', '너는 내가 눈 감고도 이긴다', '너한테 5점 주고 시작해도 이긴다' 등등. 남자들의 유별난 허세는 역시 인종 불문, 국적 불문, 언어 불문이었다. 그렇게 한바탕 말로는 벌써 몇 판을 한 뒤, 드디어 본격적인 게임을 시작했다. 분위기는 아마도 상상할 수 있을 테다. 시작부터 난리가 났다. 시끌벅적 아주 신나게 게임을 하며 놀고 있던 그때, 갑자기 매트네 집으로 경찰들이 찾아왔다. 갑작스런 경찰들의 방문에 우리는 어리둥절했다.

"다들 괜찮으십니까? 무슨 일 없나요?"
경찰들이 꽤 심각한 얼굴로 물었다.
"네, 아무 문제없이 잘 놀고 있는데 왜 그러시죠?"
"아, 어떤 사람이 여기서 누가 굉장히 심하게 싸우고 있는 것 같다고 신고를 해서 확인 차 왔습니다."

상황의 전말은 이러했다. 게임을 시작하고 골을 넣었을 때, 골이 빗나갔을 때, 반칙했을 때 등 모든 상황 속에서 전쟁터를 방불케 하는 온갖 고성과 리액션들이 난무하기 시작했다. 사실 나만 그랬다. 참고로 말하자면 나는 다혈질도 아니고, 승부욕이 강하지 않다. 지면 지는 거고 이기면 이기는 것이라 생각하며 그냥 무엇이든지 재미있게 즐기려고 한다. 그날도 그런 자세로 게임을 하고 있었다. 하지만 골을 넣을 때마다 친구들을 약 올리는 리액션과 함께 기분 좋은 마음을 표현하던 행동들이 문제였던 것이다. 나의 목소리와 오버액션은 외국인들의 흥과 열정에 지지 않는 것이었기 때문에 더욱이 튀었으리라. 그렇게 소리를 질러대니 밖에서는 싸우는 소리로 들렸을 것이고, 주변에 있던 사람이 신고를 한 것이었다. 경찰들의 이야기를 듣고 우리는 상황을 설명했다. 설명하면서도 어찌나 황당하던지. 경찰들과 매트 집에 있던 우리는 어이없는 웃음을 교환했다. 그렇게 경찰들은 재밌는 시간을 마저 보내라고 인사를 하고는 돌아갔다. 경찰들이 돌아감과 동시에 우리 모두는 빵 터져버렸다. 얼마나 호들갑을 떨어댔으면 이렇게까지 오해를 했을까. 친구들은 여기에 몇 년을 있었지만 이런 경우는 처음이라며 너무 웃기고 황당하다며 연신 웃어댔다.

리조트 광고 모델이 되다

●

평범했던 어느 날, 점심을 먹으며 리조트 신문을 보고 있었다. 이 신문은 리조트 소식이나 멀티하이어(자신의 일을 끝마치고 남는 시간에 아르바이트처럼 또 일을 할 수 있는 제도) 공고 등 다양한 정보와 리조트 소식들을 정리한 직원들을 위한 신문이다. 무심결에 신문을 보다가 눈에 번뜩 들어오는 아주 재미난 공고를 보게 되었다. 리조트 창설 25주년 기념으로 리조트 홍보를 위한 화보를 찍는다는 것이었다. 좀 더 자세하게 살펴보니 누구나 원하면 화보의 모델로 참가할 수 있으니 지원하라고. 단 선착순이니까 빨리 지원하라는 내용이었다. 연극 영화를 전공한 나는, 목적과 장르를 불문하고 영상이든 사진이든 찍히고 찍는 걸 좋아한다.

'내 사진이 리조트 공식 홈페이지에 올라간다고? 너무 재미있겠는데?'

매년 있는 행사도 아닌 특별한 행사의 화보이기도 했고, 너무 뜻 깊은 경험이 될 것도 같았다. 어딜 가나 항상 튀는 걸 좋아하는 나는 한 치의 망설임 없이 바로 담당 부서로 메일을 보냈다. 다행히 아직 선착순 마감이 되지 않은 상태였고, 나는 화보 작업에 동참할 수 있었다. 우리 리조트에는 아시아인들이 생각보다 많았다. 그래서 나는 당연히 나를 제외하고 아시아인이 최소 한두 명은 있을 거라고 생각했다.

처음 화보 모델들과 사진작가님이 만나는 날, 모임 장소에 갔는데 웬걸, 20명이 넘는 사람들 중에 아시아인은 나 혼자였다. 아시아인이 혼자니까 오히려 더 튈 수 있고 주목 받을 수 있으니까 좋다고는 생각했지만, 아예 아무도 없으니까 신기하기도 했다. 작업의 묘미는 광고 사진을 촬영하는 것이었지만, 고급 뷔페 음식을 저녁으로 먹는 묘미도 굉장히 컸다. 광고 사진을 촬영했던 장소가 원래 손님들을 위한 식사 장소이고 예약을 하려면 꽤 비싼 곳이다. 신기하다 못해 신비로울 정도로 멋진 해질녘 울룰루를 바라보며 저녁을 먹을 수 있는 곳이기 때문이다. 그래서 촬영이 끝나고 나면 스테이크, 샐러드, 와인 등 많은 것이 포함된 고급 뷔페 음식을 먹을 수 있었다.

정중앙에 있는 파란색 셔츠를 입은 사람이 나

각자 다 본인들만의 콘셉트를 가지고 촬영을 했다. 멀리서 와인 잔을 들고 걸어오는 친구들, 앉아서 식사하는 노부부, 서서 이야기하는 젊은 남녀 등

등 다양한 콘셉트 중 나는 같이 일하는 동료인 '린'과 함께 연인 콘셉트로 촬영을 했다. 재밌는 사실은 린은 결혼을 했고 심지어 남편인 '마크'와 같이 촬영을 하러 왔는데, 무슨 영문인지 작가님이 나와 린을 커플로 잡고 촬영하라고 했다. 생각보다 구상하고 촬영하는 시간들이 오래 걸려서 이틀을 나누어 촬영을 진행했다. 마지막 날 촬영은 전체 사람들이 식사하는 장면을 촬영했다. 작가님은 감사하게도, 나에게 제일 앞쪽 자리에 앉으라고 제안을 해주셨다. 같은 자리에 앉은 사람들끼리 자본주의 미소를 지으며 대화하는 연기를 아주 열심히 했고, 무사히 사진 촬영이 끝이 났다.

호주에 있는 사막에서 리조트를 위한 홍보 사진에 내가 들어가다니, 신기하고 뿌듯하기도 했다. 별 것도 아닌 걸로 거창한 의미를 부여한다고 생각할지도 모르지만 적어도 나에게는 거창했고 소중한 경험이었다. 이 사진들은 촬영 후 몇 주 후부터 바로 사용된 것이 아니라서 내가 리조트 생활을 마무리하기 전까지도 언제, 어떻게 구체적으로 사용될지 몰랐다. 그리고 몇 개월이 지나 리조트 생활을 마무리하고 한창 런던을 여행하던 도중, 린이 사진을 보내주며 말했다.

"Angelo! You made front cover!" 안젤로! 너의 사진이 표지 맨 앞에 실렸어!

린과 함께 찍은 사진

고마워 호주, 잊지 못할 거야

●

처음 울룰루로 올 때, 나는 세컨드 비자도 땄겠다, 돈도 모을 겸 1년 동안 일할 생각을 가지고 있었다. 그리고 절반 정도만 세계 여행 경비로 쓰고, 절반은 한국에 돌아왔을 때 쓰기 위한 자금으로 남겨 둘 계획이었다. 일한 지 6개월 차, 평범했던 어느 날이었다. SNS와 인터넷을 통해 여행에 대한 정보를 보고, 여행하는 사람들의 사진들을 보고 그들의 이야기를 읽으면서 조금씩 세계 여행의 계획을 세우고 있었다. 그러다 문득 혼자 흐뭇하게 미소 지으며 계획하고 있는 나를 발견했다.

그리곤 갑자기 스친 생각.

'바로 다음 달에 세계 여행을 떠날까?'

원래 계획했던 만큼은 아니지만 이미 세계 여행을 할 수 있는 경비는 어느 정도 마련이 되어있었다. 1,000만 원 정도.

호주로 오기 전, 한국에서 모아 놓은 돈을 다 가져오진 않고 어느 정도는 한국 계좌에 남겨놓았다. 당장 귀국했을 때 생활비로 써야 했으니까. 평소에 '돈은 있다가도 없고, 없다가도 있는 거다.'라는 생각을 갖고 살아서 당장 큰돈을 버는 것에는 그리 욕심을 부리지 않았다. 하지만 똑같은 조건에도 불구하고 돈을 많이 벌 수 있는 호주에서 열심히 모으면 한국에서 모으는 것보다 훨씬 낫기에, 되는 데까지 모으면 좋겠다고 생각했다.

'그래, 조금만 더 참자. 6개월만 참으면 되잖아!'

그런데도 한 번 세계 여행을 갈까 하는 생각이 드니까 상상만 해도 들뜨는 그 계획이 머릿속을 꽉꽉 채워 울룰루에서의 생활을 무료하게 만들어버렸다. 막 이별을 한 사람처럼 일을 해도, 친구들을 만나고 맛있는 것을 먹어도 전혀 기쁘지 않았다. 진지하게 고심하고 또 고심했다. 한번 생각이 나거나 해보고 싶은 게 있으면 성취의 여부를 막론하고 꼭 시도는 해보아야 하는 성격 탓이었을까. 결국 결정했다. 다음 달에 세계 여행을 떠나기로.

예상치 못한 결별 통보에 같이 일하던 친구들과 동료들은 시원섭섭해 했다. 그래도 나의 계획을 듣고는 앞으로 펼쳐질 다이내믹할 나의 여행을 축복하는 마음으로 함께 기대해주었다. 심지어 내가 떠나기 전에는 나를 위한 특별한 작별 파티를 해주었다. 물론 통상적으로 같이 일하던 친구가 떠나게 되면 리조트 내의 펍이나 바비큐장에서 작별 파티를 해주곤 했다. 나의 경우엔 다 같이 차를 타고 울룰루 안에 있는 '카타츄타'라는 울룰루의 또 다른 명소로 갔다. 다 같이 카타츄타를 구경하고 간단한 저녁을 먹으며 파티를 했다. 친구

큰 활력소가 되어 주었던, Laundry crew!

울룰루의 선셋

카타츄타 앞에서 아리랑을 불렀다. 같이 갔던 친구들뿐
아니라 관광객들 또한 함께 즐겼던 시간!

들이 자발적으로 사람들을 모으고, 각자 맥주, 과자, 먹을 음식들을 챙겨와서 작별 인사를 해주는데 '고맙다'라는 단순한 표현으로는 내 마음을 다 못 전할 정도로 기쁘고 감사했다.

농장을 선택했을 때처럼 내가 에어즈락 리조트에서 일하기로 결정한 선택 또한 아주 탁월한 선택이었다.

'내가 여기서 일을 하지 않았다면 이렇게 좋은 추억을 남길 수 있었을까? 이렇게 좋은 사람들을 만날 수 있었을까?'

스스로에게 질문을 던지기도 전에 '아니'라는 말이 저절로 나온다.

앞으로 살면서 오래도록 추억에 남을 '호주 생활'을 하며 알게 된 한국인 친구, 형, 누나, 동생들을 비롯한 각지각색의 친구들. 만났던 한 사람 한 사람, 소중한 인연들을 생각할 때마다 나는 인복이 많음을 깨닫는다.

인복이 많은지 적은지는 관계가 기반이 되어야 느낄 수 있다. '관계'라는 요소는 삶을 지탱하고 유지시켜준다고 해도 과언이 아니며, 살아가는 동안 인생에 큰 영향을 끼치기도 하는데, 영향력이 있다는 건 그만큼 그것이 지니는 가치는 크다는 거겠지. 중요한 사실은 '관계'는 혼자 할 수 없다는 것. 오롯이 함께여야 가능하다. 사람을 만나고 사귀는 것은 정말 귀중한 일이며, 좋은 사람들을 만난다는 건 크나큰 축복임에 틀림없다.

그 '축복' 속에 나의 여정은 지속되고 있었다. 내가 인복이 많듯, 나 또한 누군가에게 복으로 느껴지는 사람이면 좋겠다는 생각이 들었다. 무엇을 하지 않아도 그냥 '나'로 살 때 그 삶 자체가 동기 부여가 되고 에너지가 되는 삶. 얼마나 멋진가!

2017. 2. 3.~2018. 3. 10.까지 호주에서의 생에 첫 해외 생활이 무탈하게 끝이 났다.

잠을 잘 때, 가끔씩 기상천외하고 통통 튀는 꿈을 꾸듯, 걷잡을 수 없는 기쁨으로 가득 찼던 꿈만 같던 호주에서의 시간들은 쥐도 새도 모르게 지나갔다. 달콤했던 꿈은 현실을 벗어나 다시 그 꿈으로 들어가고 싶은 욕구를 불러일으킨다. 딱 호주에서의 생활이 그러했다. 시간이 지난 지금, 그때의 생활을 회상해보면 다시 돌아가고 싶다.

브리즈번에서 3개월, 번다버그에서 3개월, 울룰루에서의 7개월, 총 13개월 동안 머무르며 보낸 찬란했던 호주 생활을 마무리하고, 기도하며 기대하며 기다리던 대망의 세계 여행의 서막이 열리는 순간을 두 팔 벌려 힘껏 끌어안았다.

chapter 2

세계
여행

두근두근 세계 여행 계획하기

●

'세계 여행'

이 네 글자가 단전으로부터 끌어올려주는 울림은 굉장히 크다. 누구나 상상하지만 아무나 하지 못하는 '세계 여행'. 그 여행을 시작하는 순간이 나에게로 다가오고 있었다. 부푼 설렘을 안고 본격적으로 여행을 할 나라, 루트 및 계획을 만들기 시작했다. 내게 주어진 예산은 1,200만 원. 이 돈으로 갈 수 있는 나라를 최대한 많이 다녀와야 했다. 내가 정말 죽었다 깨어나도 여긴 꼭 가야겠다는 대륙이 어딜까 곰곰이 생각했다.

고대 잉카 문명의 신비로움을 가지고 있는 마추픽추, 우유니 사막이 있는 나라로 유명한 볼리비아 등 다양한 매력을 가진 수많은 나라가 있는 남미.

흔히 외국이라는 표현을 할 때 가장 많이 생각나는 대륙이며 문화, 경제, 예술 모든 분야의 산지라고도 불리는 북미.

다른 모든 대륙이 그렇겠지만 특히나 아시아와 아주 상반된 문화, 언어, 건물을 가지고 있는 오랜 전통을 가진, 한국인들이 가장 사랑하는 대륙인 유럽.

　미지의 나라, 미지의 세계, 동물의 왕국, 말로는 형용 못할 자연의 세계, 어떤 수식어로도 감히 자세하게 표현하지 못할 또 다른 세상인 아프리카.

　가장 비슷하지만 새로운, 저렴한 물가를 자랑하며 맛있는 음식과 다채롭고 아름다운 새로움으로 가득한 아시아.

　각 대륙이 가지고 있는 매력이 너무나 분명해서 정하기가 어려웠다. '세계'의 사전적 의미는 '지구상의 모든 나라 또는 인류 사회의 전체'이긴 하지만 세계 여행이 가지는 정의는 다양하다. 문자 그대로 온 나라, 온 구석구석을 다니며 여행하는 게 세계 여행이 될 수도 있고, 내가 원하는 대륙만 가서 그곳을 진득하니 여행을 하는 것도 세계 여행이 될 수 있다. 여행의 정의는 본인 스스로가 만드는 것이고, 의미 또한 본인만이 새길 수 있는 것이라고 생각한다.
　나 같은 경우는 모험을 좋아해서 모든 나라를 다 가보고 싶었지만 가지고 있는 예산이 충분치 않았다. 결국 고심 끝에 일단 유럽과 아프리카를 먼저 가기로 했다. 그 후에 예산이 남거나 현지에서 자금 조달이 가능하다면 다른 대륙을 여행할 생각이었다.
　지금도 그렇지만, 내가 세계 여행을 계획할 때도 한국에서 유럽 여행의 인기는 끝을 모르고 올라갔다. 고전적인 건물들, 세련된 거리의 모습들, 특유의 분위기와 음식 등 유럽에 관한 사진과 영상을 볼 때마다 두근거림이 느껴졌다. 유럽은 정말 꿈의 대륙이었다.

그리고 아프리카. 아프리카라니! 앞에서 언급했듯이 내게 아프리카가 주는 이미지는 다른 나라가 아닌, 다른 세상이었다. 광활한 자연이 주는 미지의 매력, 벽 없이 뛰어노는 동물들의 모습들을 상상해보면 '신비롭다'는 단어의 뜻을 피부로 느낄 수 있었다. 그런 곳을 여행하는 나. 크~! 얼마나 재미있을까. 요즘은 아프리카 여행이 인기가 많아져서 예전에 비해 비교적 많이 떠나지만, 내가 갈 때만 해도 그리 많이들 가는 대륙은 아니었다. 아마도 '위험하다'는 인식이 있었기 때문일 것이다.

위험한 건 사실이다. 다른 나라들에 비해 치안도 안 좋고, 외국인들의 왕래도 비교적 적기에 위험할 수 있다. 그렇지만 아프리카 여행을 다녀온 사람들 중 '단' 한 명도 후회하거나 안 좋았다고 한 사람을 본 적이 없었다. 그 사실이 나를 더 흥분하게 만들었다. 현기증이 나기 시작했다.

'빨리 떠나고 싶다! 시간아 빨리 가라!!'

장기 여행자들의 여행 팁 중에 하나는, 1~3개월 이내의 짧은 여행은 모든 일정(숙박, 교통편 등)을 되도록 다 정하고 움직이는 게 좋다는 것이다. 3개월 이상의 여행이라면 모든 일정을 다 정하지 않고 가는 게 좋다고 한다. 단 1개월을 여행해도 다양한 변수로 인해 계획들이 변경될 여지가 많다. 그러니 나처럼 1년을 계획하고 여행을 떠나는 건 훨씬 많은 변수가 있을 것이 분명했다. 나는 대략적인 루트만 짜놓고, 처음 출발하는 항공편 그리고 도착하자마자 숙박할 곳 이외에는 일체 예약하지 않았다. 직접 가서 모든 걸 알아보고 여행하는 본격 리얼 버라이어티 생존 여행을 계획한 것이었다.

  세계 여행 출발 날짜를 기다리며 여행에 관련된 책과 정보를 보며 필요한 물건들을 살 때면, 기대감에 절로 웃음이 나기도 했다. 반면 그 기대감과 동시에 압박감도 느꼈다. '이 여행을 통해 무엇인가를 이루어내야 한다'는 압박감이었다. 재미있고 아름다운 사진들과 영상들을 담아내야만 한다고. 나만의 스토리를 만들어내야지만이 여행의 의미가 있을 것만 같은 느낌에서 압박감을 느꼈다. 장기적인 계획이긴 했지만, 여행을 다녀온 후 책도 쓰고, 강연도 하고 싶은 '버킷 리스트'가 있었기 때문이었다. 그러려면 특별한 나만의 무엇인가가 있어야 했다. 경쟁력이 있어야 했다. 이런 생각을 하다가도 문득, 다시 한 번 '여행'의 진정한 의미에 대해서 생각하게 되었다. 그리고 내가 왜 '세계 여행'을 가는지에 대해서도.
  '세계 여행'을 가기로 결정한 근본적인 이유는 더 넓은 세상을 보고 싶고, 가슴으로 그 세상을 느끼고 싶어서였다. '눈에 보이는' 사진, 영상을 얻기 전에, '눈에 보이지 않는' 영감, 깨달음에 더 큰 의미를 두고 경험해보기 위함이었던 것이다. 즉 내게 세계 여행은 단순히 여행을 하는 의미를 넘어, 또 다른 차원의 지경이 열리는 의미였다.

내 유일한 여행의 동반자는 20kg 백팩, 작은 백팩 그리고 여행용 기타였다.

하지만 막상 계획을 세워 나가다 보니 하고 싶은 게 많아지고, 가고 싶은 곳도 많아져서 여행에 대한 나만의 진정한 '의미'가 퇴색되고 있음을 느꼈다. 강연을 하고 책을 쓰는 건 여행 후의 문제였다. 근데 왜 주객이 전도되는가. '그래, 진짜는 모두가 알아보는 법이야' 스스로에게 자답(自答)했다. 힘을 빼는 게 중요했다. 힘을 빼고 '나'에게 집중하고 '여행'에 집중한다면 나의 새로운 세상이 열리고, 그로 인해 멋지고 아름다운 것들은 자연스레 따라올 거라 믿었다. 그 과정을 통해 내가 깊고 넓은 사람이 된다면 그것만으로도 이 여행은 성공한 여행일 것이라고 생각했다. 다시 한 번 마음을 가다듬고, 여행 출발에 박차를 가했다.

세계 여행의 첫 출발을 어디서 할까 고민이 되었다. 역사적인 순간을 함께 시작할 나라. 어떤 나라가 좋을지 알아보는 도중, 여행을 좋아하는 친구가 '시베리아 횡단열차'에 대해 알려주었다.

"시베리아 열차라고 러시아에 있는 열차가 있어! 그거 한 번 타봐! 나도 그거 타고 여행해보는 게 버킷 리스트야!"

시베리아 횡단열차란 6박7일 동안 러시아 블라디보스토크(동쪽)에서 모스크바(서쪽)까지 달리는 기차이다. (6박7일 일정을 제외하고도, 다양한 일정에 대한 표가 있다.) 이 기차는 러시아에서 출발해서 다른 나라로도 갈 수 있는 기차였다.

상상이 가는가? 땅이 얼마나 넓으면 끝에서 끝으로 밤새 달리는 데 7일씩이나 걸릴까. 게다가 다른 나라까지 갈 수 있다니! 물론 중간중간 정차하면서 사람들이 타고 내리고, 기름도 채우고, 근처 작은 마트에서 음식을 사먹는 시간도 있다. 하지만 그 시간을 제외하면 하루 종일 기차 안에서 시간을 보내는 것이다. 이 얼마나 흥미로운 기차인가. 러시아에 대한 정보를 더 알아봤는데, 그 기차뿐 아니라 러시아에는 많은 볼거리가 있었다. 러시아부터 여행을 시작하면 유럽도 가까워서 생각했던 루트대로 여행하기에 수월할 거라는 생각이 들었다.

그렇게 나는 최종적으로 루트를 러시아-유럽-아프리카-인도-동남아시아(미정)-남미(미정)로 정했다.(미정 국가는 남는 예산에 따른 옵션 여행지였다.)

2018년 3월 10일! 1,200만원을 가지고 1년 세계여행을 목표로 20kg 배낭과 작은 백팩, 여행용 기타를 들고 호주에서 러시아행 비행기를 타고 '최상민'의 인생에 또 다른 색을 채우기 위한 여정을 시작했다!

01 짐은 최대한 가볍게 다니자

장기간 여행을 한다면 더더욱 지켜야 할 수칙 같은 것이고, 수많은 여행자들이 가장 많이 공감하는 부분이다. 여행 짐에서는 옷이 가장 많은 부피를 차지한다. 옷도 많으면 무게가 꽤 나가기 때문에 은근 체력을 잡아먹는다. 분명한 사실은, 옷은 가져가는 만큼 입는다는 것. 많이 가져가면 다양하게 많이 입고, 적게 가져가면 적게 가져간 대로 입고 다닌다. 나는 1년을 여행할 계획이었기 때문에 4계절 옷을 다 가지고 다녀야 했다. 패딩1, 긴팔3, 긴바지2, 셔츠1, 반팔2, 민소매2, 반바지2, 속옷4, 양말5, 히트텍1, 신발2개가 나의 옷 전부였다. 1년 동안 입을 옷 치고는 약소하지만 불편함 없이 잘 다녔다. (그래서 나의 여행 사진은 대부분 배경만 바뀌고 옷은 그대로이다. 물론, 장소에 맞게 예쁘고 멋진 옷을 입고 여행의 추억을 남기고 싶은 마음은 백 번 천 번 이해한다. 나도 그랬으니까. 그런 여행은 캐리어를 들고 다니면서, 여유로운 재정이 허락되는 여행이라면 가능하다. 그러나 나처럼 배낭여행을 할 거라면 그런 여행은 포기하는 게 좋다. 자신을 꾸밀 수 있는 여행은 언제든지 할 수 있지만, 배낭 하나 메고 떠나는 여행은 상대적으로 할 기회가 많이 없을 것이다.) 그리고 현지에도 아주 저렴하고 괜찮은 옷들이 많아서 필요하면 사서 입어도 괜찮은 방법이다. 짐이 가벼워야 몸도 가볍고 체력도 아낄 수 있어 더 오래 여행을 할 수 있다.

02 유럽에서는 버스를 애용하자

유럽은 각 나라를 이동할 수 있는 교통이 정말 잘 갖추어져 있다. 개인적으로 유럽 여행을 할 때는 버스를 이용해서 다니는 게 최고라고 생각한다. 나는 유럽 13개국을 5개월을 넘게 여행하면서 비행기를 탄 건 단 3번이고,

기차 타고 나라를 이동한 적은 단 한 번도 없다. 그 이유는 버스가 이동 수단 중에 가장 저렴하기 때문이다. 가끔 비행기나 기차가 버스보다 저렴한 경우도 있지만 대부분 버스가 비행기와 기차의 반값으로 훨씬 저렴하다. 물론 시간은 좀 오래 걸리긴 하지만 버스의 상태가 좋아서 타고 다닐 만하다. (보통 플릭스 버스를 유럽에서 가장 많이 이용한다. 그러나 ALSA, MEGABUS 등 다른 회사도 많으니 가격을 비교해보기 바란다. 'GOEURO'라는 어플이 있는데, 여행자들에게 정말 유익한 어플이다. 목적지와 날짜를 설정하고 검색하면 그 시간에 맞는 기차, 버스, 비행기의 티켓이 상세하게 나온다. 충분한 재정으로 여행을 하는 게 아니라면 이 어플을 통해 이동 수단을 예약하는 것도 좋은 방법이다.)

03 유레일패스는 굳이 살 필요가 없다

유레일패스란? 쉽게 말해 유럽 전역을 열차로 자유롭게 다닐 수 있는 자유 이용권 같은 티켓이다. 내 기준에서는 유레일패스가 생각보다 비싸서 사지 못했다. 유레일패스는 다양한 종류의 티켓을 가지고 있다. 예를 들어, 그 중 2개월 이내 15일을 사용할 수 있는 티켓은 약 85만 원이다. (2019년 1월 기준) 결국 2개월 안에 15번을 탈 수 있다는 이야기인데, 나는 유럽에서 5개월 넘게 버스를 타고 나라를 이동하면서 쓴 교통비가 110만 원 정도 된다.(3번의 비행기 포함) 물론 재정이 넉넉하다면 유레일패스로 기차를 이용하는 게 더 편하고 안전할 수도 있다. 그리고 여행 전체 스케줄을 다 잡아 놓고 여행을 하는 사람들에게는 좋을 것이다. 그러나 스케줄이 일정치 않고, 장기간 자유 여행을 하는 가난한 여행자들에게는 독이든 성배가 될 수도 있다. 비싸게 샀는데 꼭 사용해야 될 것만 같은 아까움에 여행에 부담을 느껴 온전히 여행을 즐기지 못할 수도 있기 때문이다. 사실 유레일패스는 개인차가 있기 때문에 잘 고민해보길 바란다.

04 물가가 비싼 곳부터 여행을 시작하라

여행 초반에는 체력이 좋아서 많이 못 먹고, 편하게 못 쉬어도 잘 다닐 수 있다. 그래서 물가가 비싼 곳에 가서 고생을 해도 견딜 만하다. 그러다가 조금 체력이 떨어지고, 먹고 싶은 것을 꼭 먹고 좀 편한 곳에서 쉬면서 여행하고 싶다는 생각이 들 때, 물가가 비교적 저렴한 곳에 가서 머무는 것이다. 실제로 나는 이렇게 여행을 했고, 재정적으로 굉장히 큰 절약을 할 수 있었다.

05 여행자 보험은 꼭 들고 가라

민망하지만 나는 여행자 보험을 들지 않고 여행을 했다. 당시에 나는 호주에서 바로 러시아로 가서 세계 여행을 시작할 계획이었다. 그래서 온라인으로 여행자 보험을 들고자 했지만 불가능했다. 무조건 한국에 들러 여행자 보험을 들고 출국을 하는 방법밖에 없었다. 머리를 이리저리 굴리다가, 보험을 들기 위해 한국으로 가는 비용과 한국에서 잠시 머물면서 써야 하는 비용을 생각해보니 배보다 배꼽이 더 클 것 같았다. 그래서 보험을 들지 않고 여행을 했다. 결론적으로는 보험 청구를 할 사건사고 없이 감사하게도 무사히 돌아왔지만 위험할 수 있는 선택이었다. 개인의 선택이긴 하지만 개인적으로 무조건 보험을 들고 여행을 하는 것이 좋다고 생각한다. 사람일은 어떻게 될지 모르는 거니까.

06 예산은 허락되는 대로 가져가면 된다

장기 여행을 계획할 때 제일 중요한 건 아마도 예산 문제일 테다. 결론부터 말하자면 워킹 홀리데이 초기 비용과 마찬가지로 본인이 가져갈 수 있는 만큼 가져가면 된다. 나는 1년 예산으로 1,200만 원을 가져갔다. '1개월에 100만 원씩 쓰겠다'라는 계획으로 맞춰서 가져간 것은 아니었고, 당시 내 상황에서 최대로 허락되는 돈이 1,200만 원이었다. 교통편, 숙박, 식사, 쇼핑 모든 것에 대한 돈이었으므로 1년 예산으로는 부족한 감이 없지 않았다. 사실 교통비로 쓸 돈만 대략 400만 원은 넘어갔고, 내가 1년간 생활하면서 쓸 수 있는 예산은 800만 원 내외였기 때문이다. 그러나 해외에는 카우치 서핑(무료로 숙박을 할 수 있는 곳(뒤에 설명 참조))이나 히치하이킹 등 마음만 먹으면 돈을 쓰지 않고 여행을 할 수 있는 방법이 많다. 그래서 그냥 갔다. 이런저런 방법으로 여행을 하다가 돈이 떨어지면 그냥 돌아오면 되니까. 만약 당신이 장기 여행을 떠나기로 결심을 했다면 이 정도 패기는 가지고 있지 않겠는가. 물론 사람의 성향에 따라 생각하기 나름일 것이다. 나는 심플하게 생각했고, 그러니 마음 편하게 돌아다닐 수 있었다. 중요한 사실은 나보다 훨씬 적은 돈으로 여행하는 분들도 있고, 나보다 많은 예산을 가지고 2~3개월만 여행하는 분들도 있다. 그러니 여행을 다녀온 사람들의 예산을 참고는 하되, 비교해서 예산을 정하기보다는 본인에게 허락되는 예산을 가지고 본인이 원하는 여행을 하는 것이 가장 바람직한 여행이 아닐까 생각한다. '여행'은 남을 위함이 아닌 자신을 위함이니까.

드디어 세계 여행을 시작하다

●

야심찬 자세로 기세등등하게 러시아로 출발했다. 그때를 생각하면 지금도 가슴이 두근두근거린다.

그·러·나! 러시아로 가기 위해 잠시 경유했던 중국에서 예상치 못한 변수가 생겼다. 생각지도 못했던 곳에서, 그것도 여행을 본격적으로 시작하지도 않았는데 이렇게 빨리 위기가 찾아오다니. 심상치 않은 분위기를 느꼈다.

'와우 이거 험난한 여행이 되겠구만!'

나는 여행에서 만난 친구들과 함께 즐기고 놀 겸, 버스킹도 하면서 용돈도 벌 겸, 재미난 추억을 남기기 위해 여행용 기타를 가지고 다녔다. 이 기타는 크기가 작아서 기내 반입이 가능하다. 한국에서 호주로 갈 때부터 7kg 기내용 가방과 함께 기내로 가지고 다녔는데, 어느 곳에서도 터치를 하거나 추가금을 내야 한다고 하지 않았다. 그런데 러시아로 가기 위해 잠시 경유했던 중국 공항에서 그 문제로 태클을 걸었다.

"기타는 기내로 가지고 들어갈 수 없으니 위탁 수하물로 보내야 합니다."

"네? 지금껏 비행기를 이용하면서 한 번도 그런 적이 없는데요?"

"다른 항공사는 모르겠지만, 우리 항공사는 기타 및 악기들은 규정상 무조건 위탁 수하물로 보내야 합니다."

"하…! 그럼 얼마를 추가로 내야 하나요?"

"100불(약 12만 원)입니다."

안 그래도 부족한 돈으로 여행하는데 12만 원의 지출은 나에겐 아주 상당한 금액이었다. 그러나 문제는 12만 원이 아니었다. 기타 케이스가 하드 케이스가 아니기 때문에 그냥 위탁 수하물로 보내면 나의 사랑스런 기타는 저 세상으로 가기 십상이었다. 즉 기타를 살리기 위해선 특수 포장을 해서 위탁 수하물로 보내야 했는데 그 돈은 자그마치 300불(약 36만 원)이었다. 이럴 수가! 20만 원 차이라니. 20만 원이면 유럽에서 빅맥 세트가 최소 20개, 지하철을 최소 70번을 탈 수 있으며, 무더운 여름 더위와 갈증을 단번에 해소해줄 500ml 콜라 최소 80개를 구입할 수 있는 어마무시한 돈이었다. 아주 깊은 고뇌에 빠졌다.

'하…! 그냥 안 부서지길 기도하며 12만 원에 보낼까? 포장해도 직원들이 던지면서 운반을 하면 어차피 깨질 건데…. 아니야, 20만 원 아끼다가 영영 기타를 못 볼 수도 있어. 그냥 특수 포장을 할까?'

머릿속이 하얘지다 못해 뇌가 점점 없어지고 있는 듯했다. 결국 고심 끝에 안전하게 운반해줄 것을 거듭 부탁하며 300불을 내고 특수 포장을 했다.

'그래, 잘한 거야. 넌 친구를 지켜냈어.'

머릿속으로 계속 되뇌었다. 그렇게 우여곡절 끝에 러시아에 도착했고, 입국 수속을 다 끝내고 수하물을 기다리고 있었다. 시간이 지나자 수하물이 쏟아져 나오기 시작했다. 조마조마한 마음으로 수하물이 나오는 통로를 보고 있었다. 저 멀리 파란색 기타 케이스 옷을 입은 나의 친구가 보였다. 나의 친구는 흰색 뽁뽁이를 온몸에 감은 채 나에게로 오고 있었다. 점점 나와 가까워질수록 가슴이 떨렸다.

'제발, 제발 무사해라.'

감사하게도 내 친구는 털끝 하나 상하지 않고 무사히 나의 품에 안겼다. 정말 다행이었다. 근데 여기서 중요한 사실이 있다. 나중에 알긴 했지만 분명히 나는 중국 공항에서 카드로 결제를 했다. 300불이 찍힌 영수증까지 받았는데 돈이 빠져나가지 않은 것이다. 그래서 좀 시간이 걸리겠거니 했는데 한 달, 두 달, 몇 개월이 지나도 그 돈은 빠져나가지 않았다. 뭔가 잘못된 거 같아 꼼꼼히 다시 거래내역을 점검했지만 돈은 그대로였다.

끼얏호~~~~~~~~~~~!

이런 이득이. 아무래도 공항 직원의 실수가 있었던 게 아닐까 싶다. 그 직원분의 이름을 알 수도 없고 기억도 안 나지만 얼굴은 또렷

하게 기억난다. 혹시라도 중국에서 이 책을 보실 수도 있는 그분에게 감사드린다는 말을 전해드리고 싶다. 감사해요. 당신은 사랑받기 위해 태어난 사람.

드디어 러시아의 최동쪽 '블라디보스토크'에 새벽 6시쯤 도착을 했다. 가장 더운 도시 중에 한 곳인 호주 '울룰루'에서 가장 추운 도시 중에 한 곳인 러시아의 '블라디보스토크'으로 온 것이다. 공항에 내리자마다 화장실로 들어가 긴팔 옷, 긴 바지, 패딩, 히트텍, 넥 워머까지 꺼내 갈아입으며 중무장을 했다. 그리곤 가슴을 펴고 아주 당당하게 공항을 나왔다.

3월의 러시아. 추웠다. 다른 표현은 생략한다. 그냥 추웠다. 3월에 왔기에 망정이지, 1월이나 2월에 왔다면 어땠을까. 상상만 해도 뇌가 얼어붙었다. 호주에 있을 때는 겨울에도 그냥 두꺼운 후드 재킷이나 얇은 패딩 하나면 충분했다. 그마저도 낮에는 더워서 벗고 다니곤 했지만, 러시아에서는 턱도 없는 소리였다. 러시아의 잔혹한 추위는 들리는 소문답게 매섭게 몰아쳤다.

마침 눈이 왔었는지 온 사방이 눈으로 덮여있었다.

'이것이 말로만 듣던 러시아의 겨울인가?'

그 추위 속에서 블라디보스토크 시내로 가기 위해 공항 앞에서 버스를 기다렸다. 러시아에는 다양한 종류의 버스가 있었다. 우리가 흔히 아는 시내버스 같은 큰 버스도 있고, 작은 미니버스(유치원 버스 크기), 그것보다 작은 벤 같은 버스도 있다. 나는 벤 같은 버스를 타고 시내로 향했다.

러시아 유학을 다녀온 민우 형이 내가 러시아를 간다고 하니까 당시 러시아에 거주하고 있는 유학생을 소개해주었다. 블라디보스토크에서 유학하고 있는 한국인 친구가 러시아에서 사용할 유심 카드를 만들 수 있도록 도와주겠다고 해서 블라디보스토크 시내에서 만났다. 생판 모르는 사람이라 귀찮았을 텐데도 너무 친절하게 잘 도와주었고 덕분에 무사히 유심을 사서 개통을 했다.

나는 유럽을 5개월 넘게 여행을 하면서 최대한 카우치 서핑으로 숙박을 하려고 노력했고, 한인 교회에서도 많은 도움을 받았다. 나는 각 나라, 각 도시에 있는 한인 교회에 도움을 받고자 나에 대한 정보를 담은 PPT를 간략하게 3장 정도 만들었다. (나에 대한 간단한 소개와 더불어 교회에 부담이 되지 않는 선에서 교회 안에서 숙박을 할 수 있을지, 식사는 알아서 할 테니 씻고 잘 수 있는 곳만 제공해주실 수 있는지 등을 여쭙는 정도. 본인이 원래 교회를 다니지 않더라도 한 번 물어나 보자. 되면 좋은 거고 안 되면 그만이니까. 참고로 외국에 있는 한인 교회들은 한국과는 다르게 보통 렌트를 해서 사용하는 경우가 대부분이기에, 교회 측에서는 아무리 제공해주고 싶어도 그 나라의 법이나 사정상 안 될 경우가 많다. 나도 거절을 많이 당하기도 했다.)

블라디보스토크로 오기 전, 한 한인 교회에 메일을 드렸고, 감사하게도 숙박을 제공해주실 수 있다는 연락을 받았다. 그래서 유심을 만들고 바로 한인 교회로 갔다. 마침 예배시간에 맞추어 가서 뒤에서 조용히 예배를 드렸고, 교회에 계시는 분들께 인사를 드리고 아주 맛있는 한식을 점심으로 먹었다. 오랜만에 제대로 된 한식을 먹었는데, 그 맛은 진부한 표현이지만 '꿀보다도 달았다'는 말이 너무도 적절했다.

점심을 먹고, 목사님께서 며칠 동안 묵을 방으로 안내해주셨다. 그 방은 어른들이 예배를 드릴 때 아이들이 머무는 영아실 같은 곳이었다. 군데군데 벗겨진 페인트, 조금은 오래 돼 보이는 빛이 바랜 책상과 의자, 한국과는 다른 굽굽한 공기가 감도는 그 작은 방이 나에게는 천국이었다. 잘 수 있는 곳이 생기다니. 내가 누리던 '집', '쉴 수 있는 곳'은 당연하게 주어지는 것이 아니었다. 그 또한 복이었다. 괜히 혼자 감성에 젖어 연신 감사와 감탄을 연발했다.

나는 오랜만의 장시간 비행에 지쳐 있었다. 그래서 도착한 날은 편하게 쉬고, 다음날부터 돌아다녀보기로 했다. 따뜻하고 아늑했던 방에서 푹 쉬고, 다음날부터 본격적으로 러시아 여행을 시작했다.

아침 일찍 교회를 나와 시내로 향했다. 러시아는 호주 다음으로 처음 여행해보는 두 번째 해외였다. 그래서 더더욱 설레는 시내로의 발걸음이었다. 길거리는 밤새 쌓인 눈들로 가득했다. 3월의 러시아에 내린 눈은 너무 많다 못해 흘러내릴 지경이었다. 길거리를 걸을 때마다 푹푹 빠지는 발을 보니 신기할 따름이었다. 한국도 그렇지만 눈이 너무 많이 오면 걸어 다니는 사람들, 지나가는 차들 때문에 도

안녕하세요! '꿈 많은 대한민국 청년' 최상민이라고 합니다!

PPT 예시

안녕하세요!

저는 올 3월부터 러시아를 시작으로 1년 간 세계여행을 시작한 '꿈' 많은 대한민국 청년 '최상민'이라고 합니다.

뜬금없이 얼굴도 이름도 모르는 한 청년에게 이런 문자를 받으셔서 적잖이 당황하셨을지도 모르겠습니다. ㅎㅎ

다름이 아니라, 혹시나 가능하시다면 지금 진행 중인 제 여행에 목사님과 교회로 부터 '큰 도움' 을 받을 수 있을까 하여 이렇게 조면에 결례를 무릅쓰고 PPT를 보내게 되었습니다.

앞서 말씀 드렸던 제가 혹시나 받을 수 있을지 모를 '큰 도움' 은 바로 숙박을 해결하는 부분입니다.

충분치 않은 예산으로 1년 정도의 장기여행을 계획하다보니 당연히 따뜻하고 화려한 여행을 포기합니다. 그럼에도 불구하고 자출이 안한치 않아서, 잠자고 씻을 수만 있는 곳이 제공된다면 제게는 '그 어떤 것 보다도 큰 도움이 되겠다.' 라는 생각이 들었습니다.

그래서 고심하면 끝에, 이렇게 목사님께 연락을 드리게 되었습니다. 교회 안도 창고비밀도 홈슈나침침님을 가져항거든요^^. 교회 힘을 넣어주는 참고공간지 어디든지 잘 수 있고 씻을 수만 있는 곳이라면 어디든 괜찮습니다! (식사는 제가 앞에서 챙겨먹을 예정입니다)

혹시나 여건이 허락되셔서 저런 장소를 제공해주신다면 제게는 정말 큰 도움이 될 것 같습니다!

그리고 또 말을 드리고 싶은 건, 설령 상황이 여의치 않아 거절하시다라도 저는 정말 괜찮습니다!! 제가 지금 드리는 부탁이 너무나 금치스럽고 걱정스러울 일은 제가 충분히 알기에, 제 상황과는 상관없이, 온전히 목사님과 교회의 사정에 따라 정말 부담 없이 가능여부를 편하게 말씀해주시면 될 것 같습니다!

상황이 여의치 않다면 '카우치 서핑' 을 이용하거나 다른 저렴한 숙소에서 묵어도 되니까요^^

시간되실 때, 제 메일 **csm4981@naver.com**이나 카카오톡 아이디 **csm2105**로 가능여부를 말씀해주시면 정말 감사할 것 같습니다!

무리한 부탁임을 알지만, 이렇게 불쑥 연락 드려서 너무 송구스럽다는 말을 드립니다. ㅠㅠ

글 읽어주셔서 감사합니다! 그럼 안녕히 계세요!

P.S 혹시나 제 신행에 대해 직접되시거나 궁금하시다면 제 페이스북 아이디 **csm4981@naver.com** 인스타그램 '**amazingcsm**' 검색하셔서 둘러보시면, 조금은 도움이 되지 마음이 생길됩니다^^

뒷 장에 사진들도 혹시나 제가 '어떤 사람' 인지에 대해 궁금해 하실의 에서 넣입니다!

로나 인도는 하얀색 눈이 아닌 검은색 눈으로 아수라장이 된다. 러시아는 땅도 크고, 눈이 유독 많이 와서 그런지 첫 러시아의 이미지는 '춥고 지저분하다'였다.

블라디보스토크의 대표 명소인 혁명 광장을 갔는데, 전날 내린 많은 눈으로 광장이 뒤덮여 있었다. 하마터면 못 찾을 뻔 했을 정도로 그 넓은 광장이 눈으로 덮여 있었다니, 눈이 얼마나 내렸는지 상상이 가는가? 하지만 꼭 안 좋은 이미지만 있었던 것은 아니었다. 당시엔 유럽을 가보지 않았지만, 사진이나 영상으로 유럽을 많이 접했을 때였다. 그래서 느꼈던 것은 러시아의 건물들은 마치 '유럽풍'의 건물 같았다는 것. 호주와는 또 다른 매력이 있었다. 딱 봐도 오래된 건물들은 마치 왕족이 살 것만 같은 느낌이 있었다. 청록색, 파란색, 빨간색 등 예쁜 단색의 건물들이 많았다.

또 신기했던 점은 한국 버스가 많이 다니는 것이었다. 자세히 버스를 들여다보면 한국에서 생산하는 제품들의 광고가 붙어있었다. 심지어 버스 내부에는 한글로 된 노선표, 종로의 어떤 학원 광고 등 한국에서 버스를 타고 다닐 때 신경도 쓰지 않았던 광고들이 다 붙어있었다. 게다가 러시아 마트에서 김치, 컵라면, 냉동 만두 등 한국 식품들을 꽤 많이 팔고 있었다. 특히나 '도시락' 컵라면이 종류별로 쫙 진열되어 있었다. 러시아에서 유학을 오래 한 형에게 들어보니 러시아는 한국에서 많은 것들을 수입해서 쓴다고 했다. 그래서 버스도 한국 버스가 많고, 마트에서 한국식 먹거리를 많이 파는 것이었다. 한국에서는 그리 많이 찾지도 않고 인기도 없는 '도시락' 컵라면은 러시아에서는 인기 컵라면이었다. 알면 알수록 궁금해지는 러시아였다.

　충격적인 사실 하나는, 내가 개인적으로 경험해본 바, 러시아 사람들은 영어를 생각보다 못한다는 것이었다. 여행을 떠나기 전에 생각하기로는, 러시아 사람들은 어느 정도 영어를 기본적으로 할 줄 안다고 생각했다. 유럽과 붙어있기도 하고 서양권이라는 이미지가 있어서 그랬던 거 같다. 그러나 막상 가보니 아니었다. 물론 영어를 못하는 게 당연하고, 꼭 잘해야 하는 것도 아니다. 러시아에 있으면 내가 러시아어로 묻고, 답하고, 대화하는 것이 지극히 자연스러운 일이다. 다만 내가 기대했던 것보다 못해서 충격이었다.

　그래서 나는 '러시아어'를 공부해야 했다. 비록 생존하기 위해 필수적인 간단한 단어, 표현들을 외우고 사용한 게 전부지만 아직도 러시아어는 기억에 많이 남는다.

　러시아 여행을 끝 마쳤을 때 블라디보스토크가 가장 '러시아'다운 도시였음을 알 수 있었다. 러시아 안에도 각 도시마다 특징이 있는데, 모스크바나 상트페테르부르크처럼 유럽과 가까이 붙어있는

도시는 '러시아'의 색깔보다는 유럽의 느낌이 더 많이 났던 거 같다. 하지만 블라디보스토크는 뭔가 투박하고 차갑지만 러시아 특유의 느낌을 느낄 수 있었다.

늦은 오후까지 블라디보스토크를 둘러보고, 저녁 즈음 교회 근처 마트에 가서 3일치 블라디보스토크에서 먹을 음식들을 사왔다. 여행 초반이었기 때문에 의욕이 넘쳐났다. 힘이 남아도는 초반에 예산을 잘 아껴야 나중에 큰 고생 없이 여행을 할 수 있었다. '배만 채우자'라는 생각으로 컵라면과 저렴한 빵, 바나나를 왕창 사왔다. 원래 아침을 안 먹는 스타일이라 조식은 패스. 점심, 저녁은 컵라면과 빵으로 때울 생각이었다. '그래, 먹을 수 있는 게 어디야. 감사하자.' 하며 음식들을 사서 방으로 올라가는데, 한 러시아 청년과 교회 계단에서 마주쳤다. 나는 너무 반가운 마음에 영어로 인사를 건넸다.

"안녕! 난 안젤로라고 해."
"… 세르게이."
그 친구는 뭔가 더 말하고 싶은 표정이었지만 우물쭈물 이름만 말하고 끝을 냈다.

"그래 반가워, 여기서 뭐하고 있어?"
내가 물었다.
"… 음, 잠시만"

그러더니 그 친구는 핸드폰을 꺼냈다. 구글 번역을 켜고 러시아어로 말을 한 뒤, 영어로 번역을 해서 나에게 보여주었다.

"난 이 교회에 살고 있어. 위층에 학생들을 위한 기숙사가 있거든."

나도 덩달아 핸드폰을 꺼내들어 러시아어로 번역하기 시작했다.

"우와 그렇구나. 그래 만나서 반가워. 나중에 보면 또 인사하자!"

그리고 내 방으로 가려고 하는데 세르게이가 잠깐 나를 잡더니 또 번역을 해서 보여주었다.

"같이 저녁 먹을래?"

나는 사실 며칠 있다가 떠날 사람이기도 하고, 러시아어를 못해서 소통하기에도 힘들고 귀찮을 텐데 그렇게 선뜻 나에게 물어봐주니 고마웠다. 하지만 그날 저녁은 조금 피곤해서 혼자 있고 싶었다.

"난 오늘 시내를 보고 와서 피곤한 상태라 저녁은 혼자 먹고 좀 쉬려고. 대신 내일 같이 먹자!"

"그래, 내일 저녁 같이 먹자! 그리고 당분간 나는 계속 여기 있으니까 도움이 필요하면 언제든지 연락해!"라며 번호를 주었다.

그리고 다음날 초저녁 즈음, 집에 돌아와서 세르게이에게 저녁을 먹자고 연락을 했다. 그러자 잠시 내 방에서 기다리라고 하더니 몇 분 지나자 내 방으로 왔다.

"내 방에 올라가서 저녁을 먹자!"

"그래 좋아! 근데 정말 미안한데, 난 지금 먹을 수 있는 게 컵라면밖에 없어."

"괜찮아! 컵라면이랑 내가 가지고 있는 러시아식 만두랑 같이 먹자!"

오우! 러시아 만두라니. 평소 만두를 신봉하는 사람으로서 이렇게나 반가울 수가 없었다.

컵라면을 준비해서 세르게이 방으로 갔다. 2층으로 된 나무 침대가 2개가 있었고, 벽에는 각양각색의 사진, 포스터 등이 붙어 있었다. 긴 책상이 두 개가 붙어있어서 4명이서 같이 공부를 할 수도 있는 방이었다. 남자들만 지내는 곳이라 그런지 특유의 쾌쾌한 냄새가 났다. 그렇지만 불쾌하지 않았다. 남자들의 세계니까. 원래 룸메이트들이 같이 지내는데, 방학 기간이라 다들 자기네 집으로 내려가서 방이 비었다고 말해주었다. 나는 러시아 마트에서 산 '왕뚜껑'을, 세르게이는 러시아식 만두와 오이, 토마토 같은 채소를 준비했다. 소박해 보이지만 내게는 진수성찬이었다.

맛있는 음식을 먹으며 나누던 우리의 대화는 끊이지 않았다. 음악, 영화, 공부, 여행 등 다양한 주제들을 놓고 대화를 이어나갔다. 이 모든 대화는 핸드폰으로 이루어졌다. 그럼에도 불구하고 귀찮거나 힘들지 않았다. 오히려 새로운 대화법에 우리는 흥미를 느끼고 있었다. 음악 이야기를 하던 도중에 내가 기타를 들고 다니며 가끔씩 연주를 하며 논다고 하니, 세르게이도 기타를 좋아한다며 침대 위에 있던 기타를 꺼냈다. 기타를 치며 공통적으로 알고 있는 팝송을 신나게 불렀다. 세르게이는 갑자기 뭔가 생각났는지 잠시 기다리라고 하고는, 긴 검은색 줄과 기타 피크를 가져왔다. 그리곤 즉석에서 뚝딱뚝딱 뭘 만들기 시작했다. 몇 분 지났을까, 세르게이는 완성된 물건을 내게 건넸다. 그것은 기타 피크로 만든 팔찌였다.

"우리의 만남을 기억하라고 선물로 주는 거야!"
"이거 진짜 너무 좋다. 되게 특이하고 간지나는데?"
"그래, 이거 찰 때마다 나를 꼭 기억해줘!"

역시 사람과 사람이 친해지고 교감을 하게 하는 것은 '진심'이라는 것을 깨달았다.
말이 잘 안 통해도, 제대로 알아들은 순 없을지라도 진심으로 관심을 갖고 이야기를 하다 보니 어느새 웃는 얼굴로 서로를 바라보며 이야기하고 있는 우리를 발견했다.

블라디보스토크를 떠나기 전날 밤, 세르게이는 '러시아식 고기만두'와 러시아에서 유명한 '아주 맛있는 음료수'를 자기가 사올 테니 마지막으로 같이 저녁을 먹자고 했다. 이 얼마나 따뜻한 섬김인가. 고마운 마음에 한달음에 숙소로 달려 들어와서 바로 세르게이 방으로 향했다. 세르게이는 이미 완벽한 저녁 식사인 만두와 음료수를

세르게이가 만들어 준 팔찌

준비해 두었다. 세르
게이가 줬던 그 만두
의 맛을 생각하면 지
금도 가슴 떨린다. 두
껍지도, 얇지도 않은
완벽한 황금 비율의
만두피, 고기와 파, 당
면, 양념으로 꽉꽉 채

워 넣은 속, 한입 베어 물었을 때 입안을 가득 채우던 부드러운 포만
감까지. 말 그대로 인생 만두였다. 그리고 고대하던 음료수. 음료수
를 좋아하는 나는 러시아 대표 음료수를 먹어본다는 사실에 한껏 들
떠있었다.

"이거 러시아에만 있는 진짜 맛있는 음료수야!"

"그래? 나 음료수 진짜 좋아해!"

어라? 세르게이는 어디서 많이 본 음료수를 나에게 건네었다. 익
숙한 초록색 페트병, 그 위 포장지 위엔 치마를 입고 우산을 들고 있
는 소녀. 그 음료수는 다름 아닌 '밀키스'였다.

'밀키스는 한국에서 만드는 건데, 한국의 대표 음료수인데…….'

단번에 알아차렸지만 러시아에만 있다고 자랑스럽게 설명하는
세르게이의 순수하고 똘망똘망한 눈빛을 보니 그 환상을 깨고 싶지
않았다.

"우와 맛있어 보인다! 한번 먹어볼게~!"

한 모금 시원하게 마셨다.

"와! 이거 진짜 맛있다! 이렇게 맛있는 음료수는 처음 먹어봐!"

"그치? 탄산에 우유가 들어가 있는 거야! 정말 맛있어. 나도 엄청 좋아해!"

맛있게 마시는 나의 모습을 흐뭇하게 바라보는 세르게이를 보니 나도 덩달아 흐뭇해졌다. 흐뭇한 분위기 속에 식사를 끝마쳤다. 우리는 숙소 밑 예배당에서 같이 기타 치고 노래를 부르면서 놀기로 했다. 나는 다음날 떠나는 일정이었기 때문에 대충 짐을 정리해 놓고 예배당으로 갔다. 마침 예배당 의자에 세르게이가 앉아있었다.

"자 한번 놀아볼까?"

세르게이에게 말을 걸었다.

"…어, 안녕?"

"뭐야 이 처음 보는 사람한테 하는 리액션은?"

"…음, …날 알아?"

뭐지? 이 어처구니없는 연기는? 날 놀리려고 하는 건가. 나는 당황했다. '러시아식 개그인가?' 나는 생각했다.

"미안해. 너가 진짜 누군지 모르겠어. 우리가 전에 만난 적이 있나?"

세르게이가 나에게 말했다.

'이게 뭐야. 얘 왜 이래? 우린 바로 몇 분 전까지 같이 만두와 밀키스를 공유한 사이라고!'

근데 세르게이의 눈빛을 보니 정말 날 처음 보는듯한 눈빛이었다. 연기를 전공한 나의 촉으로는 정말 이 친구가 나를 인식하지 못하고 있음을 느꼈다. 갑자기 소름이 돋으면서 무서워지려고 했다. 너무 당황해서 온 신경을 뇌로 다 끌어모아 무슨 말을 해야 할까 고민하고 있던 찰나, 내가 서 있던 곳 뒤쪽에서 발자국 소리가 들렸다. 휙 돌아보니 뒤쪽에 있던 위층으로 통하는 계단에서 세르게이가 걸어 내려오고 있었다.

'이건 또 뭐야? 니가 왜 거기서 나와? 방금 내 앞에 있었잖아.'

그리고 다시 앞을 보니 세르게이가 멀뚱멀뚱 나를 쳐다보고 있었다. 정신이 혼미해지려고 하는 찰나, 뒤에서 내려오던 세르게이가 한마디 했다.

"어 형! 왔어! 인사해 내 친구 안젤로야!"

그랬다. 세르게이에게는 쌍둥이 형이 있었다. 나는 평소에 쌍둥이들을 잘 구별하는 스타일이지만, 전혀 예상도 못할 정도로 쪽 빼닮은 쌍둥이였다. 나는 왜인지 모를 안도의 한숨을 내쉬었다. 정식으로 형인 '고샤'와 인사를 나누고, 방금 있었던 일과 나의 상황들

왼쪽이 '고샤', 오른쪽이 '세르게이'

을 세르게이 형제에게 설명을 했다. 우리는 서로 어이가 없는지 한참을 박장대소하며 웃었다. 알고 보니 세르게이 형제는 악기를 되게 잘 다루는 형제였다. 세르게이는 기타, 고샤는 카혼을 연주하고, 나는 노래를 부르며 블라디보스토크에서의 마지막 밤을 아주 뜨겁게 보내었다.

다음날, 3일간의 블라디보스토크 여행을 마무리할 시간이 다가왔다. 다음 목적지는 '이르쿠츠크'라는 러시아의 한 도시였고, 거기까지 밤 11시에 출발하는 시베리아 횡단열차를 타고 갈 계획이었다. 미리 자리를 내어주신 목사님과 나를 챙겨준 세르게이 형제에게 인사를 하고 저녁을 먹고 떠날 짐을 꾸리고 있었다.

'똑똑똑!'

누군가가 방문을 두들겼다. 나가보니 세르게이가 서 있었다.

"안젤로! 내가 기차역까지 데려다 줄게!"

"아니야 거기까지는 너무 멀어. 게다가 너무 춥잖아. 그냥 쉬어 혼자 가면 돼."

"괜찮아, 그래도 배웅해주고 싶어! 같이 가자. 준비되면 나와. 기다리고 있을게"

칼바람이 쌩쌩 부는 밤 9시였지만, 세르게이는 귀찮음을 무릅쓰고 흔쾌히 같이 가주겠다고 했다. 덕분에 벌써부터 나의 계절은 포근한 느낌의 봄으로 바뀌고, 따스한 햇살이 온몸을 감싸는 듯 이내 몸이 따뜻해졌다. 우리는 교회를 나섰다. 교회에서 기차역까지 가는 거리는 먼데, 왜 이리도 빨리 도착하는지. 세르게이는 기차가 출발하기 전까지 역사에서 같이 기다려주었다. 그리고 러시아 여행을 잘 마무리하라며 자기가 끼고 있던 두꺼운 장갑까지 내게 쥐어주었다.

"자 이거 받아. 겨울에 러시아를 다닐 땐 꼭 장갑을 가지고 다녀야 해!"
"아냐, 이건 진짜 괜찮아. 내가 돌아다니면서 사면 돼."
"무슨 소리야. 조금이라도 돈을 아껴서 여행에 보태야지! 괜찮아 난 장갑 많아‥"
'고맙다'라고 느끼는 감정이 내 마음을 적절하게 표현하지 못할 정도로, 아니 그 표현이 무색할 만큼 고마웠다.

"고마워 세르게이! 덕분에 너무 뜻깊고 재미있는 여행이 되었어. 블라디보스토크에서의 여행은 평생 잊지 못할 거야!"
"나도야 안젤로! 곧 다시 보자고. 몸 건강히 여행 잘 마무리하길

기도할게."

시간은 흘러 기차가 떠날 시간이 다가왔다. 나와 세르게이는 뜨거운 포옹을 나누고 각자의 자리로 발걸음을 옮겼다. 서로 가는 방향이 달라서 앞으로 걸어갈수록 멀어지는 우리의 거리였지만, 마음만은 걸을수록 계속 더 가까워지고 있었다.

여행을 마치고 한국으로 돌아오고 난 후, 정말 오랜만에 세르게이에게 연락을 했다.

"헤이! 오랜만이야 브라더!"

"안젤로! 반가워! 잘 지내? 어디야?"

"난 한국이야! 여행을 마치고 잘 돌아왔어. 저번에 내가 했던 이야기 기억나? 여행이 끝나면 책 쓰고 싶다고 했잖아! 그래서 지금 출판 준비 중이야!"

"오~ 대단하다!"

"고마워! 그나저나 넌 어떻게 지내고 있어?"

"난 잘 지내고 있어. 공부도 하고 바리스타로도 일하고 있어! 그리고… 나 결혼해!"

앞으로 찬란하고 아름다울 미래가 세르게이 부부에게 선사되길 온 마음 다해 축복하며, 올 여름 한국에서 보자는 약속과 함께 우리의 대화는 한동안 끊이지 않았다.

시베리아 횡단열차를 타다

시베리아 횡단열차를 타기로 결심한 이유는 여행을 좋아하는 친구의 추천, 그리고 SNS에서 많이 보았던 영상 때문이었다.

'청춘여락'이라는 인기 유튜버, 대한민국 대표 여행 콘텐츠 회사인 '여행에 미치다'에서 선보인 '시베리아 횡단열차' 관련 콘텐츠들은 나를 매료시켜버렸다. 그 안에서 벌어지는 에피소드들, 그들이 느끼고 본 시베리아 횡단열차에서의 삶은 '나도 꼭 타보고 싶다!'라는 욕구를 불러일으키기에 충분했다.

상상해보라. 7일 동안 기차 안에서 생활한다니. 그 안에서 먹고 자고 씻고 모든 생활을 해야 한다. 얼마나 흥미로운 일인가. 기차 안에서 만나는 사람들과 친구가 되고, 그들과 계속 이야기하며, 음식을 나눠먹으며 정을 나누고, 같이 재미있게 놀고! 상상만 해도 기분 좋아지는, 여행이라는 퍼즐의 한 조각 추억이 될 것 같았다.

열차 안에 '식당'이 있지만 비싸다는 정보를 듣고는, 블라디보스토크에 있는 마트에서 각종 컵라면, 빵, 간단한 과자를 샀다. 드디어 말로만 듣던 '시베리아 횡단열차'를 탈 시간이 왔다. 정체를 알 수 없는, 해석해볼 엄두조차 나지 않는 러시아어로 표기된 시베리아 횡단열차 티켓을 들고, 구사할 수 있는 최대치의 어설픈 러시아어로 직원들에게 물어 기차 안으로 입성했다. 기차에 오르자마자 어두컴 컴한 실내, 침대에 누워있는 사람들, 화장실 앞에 있는 정수기에서 뜨거운 물을 받아 커피를 마시는 사람들이 나를 반겼다. 고요하고 음산하기까지 한 분위기에 나는 압도되어버렸다. 마치 영화 '설국열 차'를 떠올리게 했다. 신기함이 연신 터져 나오는 감탄을 머금고 조 용히 자리를 찾아서 앉았다. 짐을 정리하고 승무원이 준 패드와 덮 을 이불을 받아서 자리를 세팅하고 누웠다. 기차의 특성상 자리는 성인 남자가 누우면 양 옆, 위로 꽉 찰 만큼 좁았지만, 체감되는 자 리는 넓고 포근했다. 그렇게 나의 '시베리아 횡단열차' 여행기가 시 작되었다.

내가 너무 기대를 많이 한 탓일까. 시베리아 횡단열차에서의 7일 은 솔직히 지루하고 심심했다. 7일을 내리 가는 일정이었다면 정말 힘들었을 수도 있을 것이다. 블라디보스토크에서 이르쿠츠크까지 2 박3일, 이르쿠츠크에서 모스크바까지 3박4일, 이렇게 총 두 번에 걸 쳐 열차를 탔기 때문에 그나마 다행이었다. 영상에서 보던 젊은 러 시아 친구들과의 화기애애한 분위기는 찾아볼 수 없었다. 그제야 깨 달았다.

'아, 기차 안에서 좋은 사람들을 만나는 것도 운이구나!'

내가 기차를 타고 가는 동안 내 옆자리와 주위에는 다 나이 드신 어른들이 많았다. 물론 나는 한국이든, 다른 나라든 나이 불문하고

시베리아 횡단열차의 내부

친구가 될 수 있다고 생각하고 어른들과도 거리낌 없이 잘 지내며 살아왔다. 하지만 열차 안에서는 힘들었다. 일단 열차에 계셨던 어른들은 '영어'를 못하는 건 기본이었고, 심지어 한국처럼 스마트폰을 가지고 다니시는 분들이 많이 없었다. 소통을 하기 위해서는 '구글 번역'이 필요한데 그마저도 제대로 사용을 하지 못해 의사소통에 어려움을 겪었다. 처음엔 호기롭게 말도 걸어보고, 심심하지 않기 위해 갖은 노력을 했지만 성과가 없었다. 기분 탓이었는지 모르겠지만, 반응들이 시큰둥하게 느껴져서 소통을 포기하고 혼자만의 시간을 계속 보내었다.

한 번은, 생에 처음으로 사기를 당했다. 시베리아 열차가 잠시 정차하는 시간이었다. 나는 기차에서 내려 바람을 좀 쐬고 있었다. 그러다 역 안에 있는 작은 구멍가게를 발견했다. 마침 끼니를 때울 음식도 부족해서 간단한 음식을 사려고 구멍가게로 갔다. 작은 가게다 보니 제품마다 가격이 표시되어 있지 않았다. 대충 이것저것 최대한 저렴해 보이는 소세지와 과자, 빵을 샀다. 주인은 할머니였는데, 혹시나 해서 영어로 금액을 물었지만 역시나 영어를 하지 못하셨다. 그래서 핸드폰으로 얼마인지 러시아어로 번역을 해서 보여주었지만, 그것도 잘 안 보이시는지 고개를 절레절레 흔드셨다. 나는 어쩔 수 없이 가지고 있던 가장 큰 금액의 화폐인 1,000루블(당시 한화로 약 15,000원)을 드렸다. 그리고는 100루블을 거스름돈으로 받았다.

내가 러시아의 물품 시세를 정확히 꿰뚫고 있지는 않았지만, 대

며칠 내내 씻지 못한 처참한 몰골. 잠시 열차가 정차해 연료를 채울 때, 기차 밖을 나와 바람을 쐴 수 있다.

시베리아 횡단열차를 타고 가면서 볼 수 있는 광경. 처음엔 신기했지만 시간이 지나도 똑같은 풍경에 조금은 지루했다.

충은 알고 있었다. 대충 알고 있는 시세에서 조금 더 높게 생각을 해도 다 해서 500루블이 넘지 않는 제품들이었다. 그런데도 100루블밖에 안 주다니 이상했다. 나는 다시 번역기를 통해 정확히 계산된 것이 맞냐고 물어보았지만, 역시나 속수무책이었다. 모르쇠로 일관하는 할머니는 계속 서 있는 내게 급기야 짜증을 내기 시작했다. 무슨 말을 했는지 정확히는 모르지만, 뒤에 손님들이 오니 빨리 가라는 식이었던 것 같다. '여기는 역이라 일반 시세보다 훨씬 비싼 건가?' 하며 찜찜한 기분으로 다시 기차로 돌아왔다. 아무리 생각해도 수상해서 사온 음식의 사진을 러시아에서 유학을 했던 형에게 보내주며 물었다.

"형, 이 음식들을 900루블 주고 샀어요. 너무 비싼 거 같은데… 원래 역에서는 비싸게 파나요?"

"아…! 상민아 미안한데 사기당한 거야. ㅠㅠ 혹시 할머니는 아니었지?"

"… 할머니였어요. ㅋㅋㅋㅋㅋㅋㅋㅋㅋㅋㅋ"

"하, ㅋㅋㅋㅋㅋㅋㅋ 당했구나!"

한화로 대략 8,000원 정도 사기를 당한 것이었다. 실생활에선 엄청나게 큰돈은 아니지만 여행 중에는 꽤 큰돈이었다. 알고도 당한 것만 같은 기분이 계속 드니 짜증도 나고, 순진했던 내가 한심하게 느껴졌다.

TIP

여행을 할 때 나 같은 상황이 생길 수도 있다. 말이 안 통하는 곳에 가서 지출을 해야 하는 경우 나는 큰돈을 주면 알아서 남겨주겠지 하며 사람을 믿었다. 너무 순진했고 바보 같은 처사였다. 이런 상황에서는 대충 종이에 숫자를 적거나 손가락으로 숫자를 표시해 가격을 정하고 돈을 지불하는 것이 좋다. 언어는 안 통해도 몸짓은 어딜 가나 통한다. 그리고 정확하게 머무는 나라의 화폐 단위를 알고 가는 것이 중요하다. 그래야 거스름돈을 받아도 꼼꼼하게 확인을 할 수 있다.

시베리아 횡단열차의 주관적인 평은 지루하고 심심했으며 사기도 당해 안 좋은 추억이 있었지만, 일분일초 매 순간이 그렇게 느껴진 건 아니었다. 혼자 가만히 앉아 눈으로 뒤덮인 벌판과 설산을 멍하니 입을 벌리고 바라보며 대자연을 느끼는 시간들은 참 좋았다. 앞으로 남은 여행, 한국에 돌아가면 해야 될 것들 등 다양한 주제에 대해 생각해보는 시간들도 의미 있었다. 그러다 좀 지루하다 싶으면 가져온 노트북으로 영화도 보고, 컵라면을 먹고, 잠 오면 또 낮잠을 취하고. 굉장히 한량 같은 시간을 보내었다. 그리고 중간중간 젊은 친구들을 만났다. 당연히 그들은 영어를 조금이라도 할 수 있었고, 스마트폰도 들고 있었기 때문에 같이 구글 번역을 통해 대화할 수 있었다. 그 중 한 시간 정도 같이 시간을 보낸 친구가 있었다.

안타깝게도 이름이 기억이

사기당한 음식들. 그래도 맛은 있었다.

나지 않지만 그 친구에 대한 기억은 강렬하다. 아주 친근하고 선하게 생겼던, 곰돌이 푸를 연상케 하는 남자였다. 혼자 있는 내가 심심해 보였거나 처량해 보였는지, 어디서 왔고 지금 왜 러시아에 있는지, 앞으로 어떤 여행을 할 건지 등에 대해 계속 말을 걸어주었다.

나는 오랜만에 사람과 하는 대화가 반가워 빠짐없이 꼼꼼히 대답해주었다. 그리곤 자기가 내려야 하는 역에 다다르자 가지고 있던 음료수와 컵라면, 간단한 주전부리를 내게 주는 것이었다. 말을 걸어준 것만도 너무 고마운데 이렇게 귀한 음식들까지. '스파시바(러시아어로 감사합니다)'를 연신 내뱉었다. 다행히도 그 친구가 내리는 역에서 기차도 10분 정도 정차한다는 이야기를 듣고 같이 내려서 가는 길을 배웅해주었다. 마지막으로 내가 가지고 나온 액션캠을 보면서 나에게 하고 싶은 말을 러시아어로 해달라고 했고, 20초 정도 러시아어로 말을 해주었다. 아직까지도 그가 나에게 한 말이 어떤 뜻인지 모른다. 마음만 먹으면 러시아어를 잘하는 지인에게 부탁해서 어떤 내용인지 알아낼 수도 있다.

하지만 지금은 별로 알아내고 싶지가 않다. 관심이 없어서가 아니다. 말로 설명하기가 굉장히 힘든 그런 느낌이지만, 당분간은 그냥 그 자체로 간직하고 싶다. 무슨 뜻인지 1도 유추해볼 수 없는 말들이지만 나를 응원해주는 말이었음을 가슴으로 이해했기 때문이다. 언젠가 내 책이 세상에 빛을 보게 된다면, 그때 무슨 말인지, 나에 대해 어떤 이야기를 했는지 알아볼 것이다.

즉 당신이 이 책을 읽고 있다면, 나는 지금 그 친구가 무슨 말을 하였는지 알고 있는 상태일 것이다. 부디 나에 대한 욕이 아니길 바라며….

또 다른 친구를 만났다. 그의 이름은 '무칸토'. 처음 봤을 때는 중국인이나 일본인인가 싶을 정도로 아시아인과 흡사한 외모를 가지고 있었다. '어디서 왔는지 한번 물어볼까?' 하며 생각하고 있는 찰나, 무칸토가 내게 다가왔다.

"Hi! where are you from?"

"Oh, I'm from Korea"

"오 안녕하세요!"

엥? 갑자기 한국말을 하는 것이었다.

'뭐지? 한국 사람인가?'

반가운 마음에 한국분이시냐고 물었다. 한국인은 아니었고, 그냥 한국에 관심이 많은 키르기스스탄인이었다. 게다가 지금껏 러시아 여행을 하면서 만난 사람 중 가장 '영어'를 잘하는 친구였다. 마치 오랜 친구를 만난 것 마냥 우리는 급격하게 친해졌다.

무칸토는 모스크바에 있는 어떤 호텔에서 일하고 있었다. 그리고 기회가 된다면 한국에서 일할 계획도 갖고 있었다. "한국에서 어떤 일을 하면 좋을까?", "한국 여자들이 그렇게 예쁘다고 하던데, 나도 한국 가면 한국 여자를 사귈 수 있을까?", "랩퍼 중에 도끼를 알아? 난 그 사람의 완전 팬이야" 등등 고삐 풀린 망아지마냥 어디로 튈지 모르는 무칸토의 질문은 쉴 새 없이 쏟아져 나왔다. 그럼에도 우리는 대화에 흠뻑 빠져 시간 가는 줄 모르고 떠들었다. 시간은 흘러 저녁이 되었는데, 갑자기 무칸토가 기차 뒤 칸에 아무도 없는 곳으로 가야 된다고 했다. 이유를 물어보니 따라오면 알려주겠다고 했다. 그러더니 자기 가방에서 무슨 천을 주섬주섬 꺼내더니 기차 칸과 칸을 연결해주는 아무것도 없는 칸으로 영문도 모르는 나를 인도했다. 도착하자마자 무칸토는 그 천을 바닥에 깔고는 나에게 말했다.

"나는 이슬람교도야. 지금 곧 해가 지기 전이라서 기도를 해야 돼. 살면서 이슬람교도를 본 적 없지? 우리는 이런 식으로 매일 3번 기도를 해. 잘 봐."라며 기도를 하기 시작했다. 장난스럽고 실없던 무칸토의 모습에서 꽤나 진지한 모습을 보니 새로웠고, 한 번도 이슬람교도를 본 적이 없는 나는 신기할 따름이었다. 그렇게 몇 분을 서서 기도하는 모습을 지켜봤다. 기도가 끝나고 다시 우리는 자리로 돌아왔다. 어릴 때부터 모태 신앙으로 교회 안에서 자라온 나는 무칸토에게 이슬람교에 대한 질문들을 많이 했고, 무칸토는 친절하게 답해주었다.

"요즘 IS 때문에 이슬람교에 대한 인식이 많이 안 좋아. 사실 IS 같은 무장 테러 단체는 자칭 '알라'를 위해 그런 일을 한다고 하지만, 나는 잘못된 행동이자 신앙이라고 생각해. 다른 사람의 생명을 빼앗아가면서까지 그런 테러들을 한다면 결코 옳은 방법이 될 수 없어. 모든 종교가 그렇듯, 소수의 이미지가 그 전체의 이미지를 더럽히는 것처럼 IS라는 소수의 극진보 성향을 가진 이슬람교도들 때문에 신실한 이슬람교도들이 다 비난을 받고 있지. 정상적인 이슬람교도들은 절대 IS의 소행을 지지하거나 찬성하지 않아. 참 안타까울 따름이지."

 깊이 공감이 되었다. 이는 종교에 국한된 이야기라기보다 우리가 살아가는 삶에도 적용되는 이야기였다. 나의 행동에 따르는 책임의 무게는 생각보다 크다는 것. 내가 얼마나 대단하고 영향력이 많은 사람인지는 중요하지 않다. 나로 인해 나의 가족, 친구, 지인, 회사 등 많은 부분이 충분히 큰 영향을 받을 수 있다는 것이다. 그러니 앞으로 행동거지를 더 바르게 해야겠다는 생각을 했다. 내가 살아가는 인생은 나를 위함이지 남을 위함이 아니다. 그렇지만 인생은 '관계'라는 필수 요소를 지니고, 우리는 관계로부터 완전히 자유로울 수는 없다. 말장난 같지만 결국 내 주변을 신경 쓰는 게 곧 나를 신경 쓰는 것이고, 나를 신경 쓰는 것이 곧 내 주변을 신경 쓰는 것이다.

 영양가 있는 대화들 속에 시간은 흘러 우리는 최종 목적지에 무사히 도착했다. 러시아어, 영어에 능통한 무칸토는 기차 안에서 필요한 도움을 많이 주었고, 중간중간 잠시 정차할 때 맛있는 음식을 사와 나누어 주었다. 아쉽지만 갈 길이 다른 우리는 작별을 해야 했다.

"무칸토! 매우 고마웠어! 지루했던 열차 안에서의 시간을 덕분에 재미있게 보낼 수 있었어!"
"그래, 여행 조심히 마무리하고 한국에서 보자!"
"싫어, 널 한국에서 보고 싶진 않아."
"나도야. 나도 사실 그냥 인사치레로 한 말이야."
우리는 너스레를 떨며 아쉬운 마음을 그대로 품은 채 각자 가야 할 길로 갔다.

"브로! 우리는 갱스터야. 우리는 도끼를 뛰어넘는 랩퍼들이 될 수 있어!"

뜬금없이 아무 말 대 잔치를 벌이는 무칸토 는, 요즘도 가끔 내 페 이스북에 댓글을 단다. 문득 그가 보고 싶은 하 루다.

무칸토와 열차 안에서 친해진 러시아 친구. 이름이 기억이 안 난다.

생에 첫 카우치 서핑을 하다

•

러시아 여행 중 이르쿠츠크를 들르기로 결정한 이유는 딱 하나. 죽기 전 꼭 가봐야 한다는 곳 중 한 곳인 '바이칼 호수'를 보기 위해서였다. '바이칼 호수'는 세계에서 가장 오래되고 가장 깊은 호수이며 '성스러운 바다', '시베리아의 진주' 등 다양한 별명을 가지고 있는 곳이다. 특히 가장 깊은 오지에 묻혀있고 인간의 손길이 닿지 않아서인지 지구상에서 가장 깨끗한 물로 남아있다고 한다. 러시아 여행에 대한 정보를 찾다가 이 '바이칼 호수'를 알게 되었고, 사진으로 보이는 맑고 광대한 호수에 매료되어 나도 모르게 '바이칼 호수'를 여행 리스트에 적고 있었다.

블라디보스토크에서 시베리아 횡단열차를 타고 2박 3일을 달려 이르쿠츠크 역에 밤11시 좀 넘어서 도착을 했다. 어둑어둑한 역 앞에는 많은 택시들이 눈부실 정도로 밝은 라이트를 켜고 역에서 나오는 사람들을 태우기 위해 줄 서 있었다. 나는 역에서 나오자마자 역에서 머물 숙소까지 얼마나 걸리는지 검색을 해보았다. 걸어서 30분 정도 되는 거리에 숙소가 있었다. 지금 생각해보면, 낯선 나라에서 밤 11시에 20㎏ 백팩과 작은 가방에 기타까지 들고 어두컴컴한 길을 걸어간다는 것은 아찔하고 위험할 수도 있다는 생각이 든다. 하지만 그때는 단순히 돈만 아끼면 된다는 생각만 가지고 있었기 때문에 '좀 무거워도 군대에서 행군한다고 생각하고 걸어보자'며 무작정 걷기 시작했다.

'누가 날 덮치면 어떡하지? 지금 나는 짐이 많아서 어떠한 저항도 할 수 없는 상태인데….'

사실 아무도 없는 어두컴컴한 길을 혼자 걷다 보니 괜히 불안하기도 했다. 그러나 이내 밝은 길로 들어서고, 새로운 건물들과 러시아의 또 다른 분위기를 느낄 때면 언제 그랬냐는 듯이 다 잊고 룰루랄라 흥얼거리며 걷고 있었다. 그렇게 30분을 걸었을까. 내가 앞으로 3일간 머물 숙소에 도착했다. 나는 이르쿠츠크에서 생에 처음으로 '카우치 서핑'을 시도했다.

(카우치 서핑이란? 쉽게 말하면 '무료'로 현지인 집에서 지낼 수 있는 하나의 숙박 시스템이다. - 카우치 서핑 TIP에서 자세하게 설명해주겠다.)

보통 카우치 서핑 호스트들은 자기 집에 있는 소파를 내주거나 빈 방을 준다. 호스트인 '데니스'는 이르쿠츠크에서 작은 게스트하우스를 운영하고 있었고, 게스트하우스에 남는 침대를 하나 내게 내어주었다. 밤 12시가 조금 안 되어서 숙소로 들어가니 이미 카우치 서핑을 하고 있는 폴란드 친구 2명, 러시아 친구 1명이 거실에서 놀고 있었다. 간단히 인사를 하고 내 침대가 있는 방으로 들어갔다. 어두컴컴하고 낡고 좁았던 시베리아 횡단열차와는 차원이 다른 원목 침대가 나를 반갑게 맞이했다. 침대는 왜 이리도 큰지 2명이 누워도 충분한 크기였고, 아주 깨끗하고 푹신푹신한 이불과 따스하고 포근한 향이 나는 베개, 그리고 수건까지 세팅되어 있었다.

'카우치 서핑이 이렇게나 좋다고?'

속으로 아우성을 지르며 짐을 내려놓고 침대에 앉았다. 그곳은 분명 천국이었다. 이대로 누우면 바로 잠들 수도 있을 것 같았지만, 이날만을 위해 기다려온 작업을 하고 잠에 들어야 했다. 그 작업은 바로 3일 동안 씻지 못해 꼬질꼬질하고 텁텁한 나의 옥체를 씻을 수 있는 샤워였다. 기차에 있는 3일 동안 샤워는커녕 머리도 감지 못했다. 일등칸에는 개인적으로 씻을 수 있는 공간이 있지만, 내가 예약한 삼등칸에는 그런 건 없고, 세수와 양치질마저도 화장실에 있는 세면대에서 한 게 전부였다.

이날만을 얼마나 기다려왔는가. 경건한 자세로 속옷과 수건을 들고 샤워실로 입장했다. 방금 누가 샤워를 하고 나왔는지 샤워 부스 안에는 물들이 자잘자잘 고여 있었고, 따스한 증기가 온 거울과 벽을 채우고 있었다. 정신이 혼미해지고 있었다. 곧바로 옷들을 선반 위에 올려두고 샤워기 밑으로 들어가 떨리는 손으로 샤워기를 틀었다.

"촤아~"

성수가 내 몸을 적셨다. 우와! 환상적인 순간을 글로 담아내기에 송구스러울 정도로 그 순간은 정말 오랜만에 느끼는 황홀경이었다.

샤워를 마치고 나와 짐 정리를 좀 하고, 거실로 나가서 미리 와 있는 친구들끼리 정식으로 인사를 했다. 폴란드에서 온 베로니카와 마르타, 그리고 러시아 친구 아톰. 다들 개성 넘치는 친구들이었다. 또 그렇게 시간 가는 줄 모르고 새벽까지 대화를 하다가 내일 일정을 위해 다 방으로 들어가 잠자리에 들었다.

다음날, 다음 행선지인 모스크바와 상트페테르부르크에서 머물 카우치 서핑 호스트를 찾고, 일기도 쓰고, 좀 쉴 겸 숙소에 하루 종일 있었다. 이른 오후, 베로니카와 마르타가 이르쿠츠크 시내를 둘러보고 들어와서 점심을 같이 먹자고 했다. 우리는 숙소를 나서 마트에 장을 보러 갔다. 장을 보던 도중, 마트에 있는 '양반김'을 발견했다. 갑자기 번뜩이는 아이디어가 떠올라 나는 친구들에게 물었다.

"애들아! 우리 오늘 한국식으로 밥을 먹어보는 건 어때?"
"만들 수 있는 요리가 있어?"
"여기 보이는 김이랑, '계란말이'라고 한국식 오믈렛을 내가 만들어 줄 테니까 같이 먹자!"
"그래 좋아!"

우리는 김과 계란 그리고 쌀을 사서 숙소로 돌아갔다. 마침 숙소에는 아톰과 다른 러시아 친구 피터가 있었다. 도착하자마자 냄비로 밥을 짓고, 같이 한국식 밥상의 정석인 김과 계란말이와 함께 점심을 먹기 시작했다. 나는 능숙하고 현란한 젓가락질로 김 한 장을

사악 들어서 하얀 쌀밥 위에 톡 놓고, 젓가락으로 밥 위에 올려진 김을 쏘옥 감싸 입에 넣었다. 이 광경을 본 친구들은 경악을 금치 못했다. 어떻게 그렇게 젓가락질을 하냐며 하나둘 따라 하기 시작했다. 첫 번째 스텝인 젓가락으로 얇디얇은 김 한 장을 집는 것부터 실패하자 나는 다시 시범을 보여주었다. 이들은 어린아이처럼 '우와' 탄성을 지르며 나를 우러러 보기 시작했다. '훗, 멋있지?' 한국에서는 기본 중에 기본인 젓가락질이 외국에서는 대단한 능력으로 비추어진다니. 특별한 사람이 된 것 같은 기분이 참 묘했다. 그리곤 대망의 계란말이. 자취 8년 차의 완벽한 소금간이 더해진 노릇노릇하게 잘 구워진 샛노란 계란말이는 역시나 명불허전이었다. 맛있게 먹는 친구들을 보니 괜스레 흐뭇해졌다. 점심을 다 먹고, 우리는 기타를 치고 노래 부르며 오후 시간을 보내었다. 성악을 전공한 베로니카 때문에 더 신명나는 시간들이 더해졌다.

이르쿠츠크의 바이칼 호수를 보러 간 날은 다행히 날씨가 무척 좋았다. 겨울이었지만 낮에 뜨는 햇살은 뜨거웠다. 햇살은 쌩쌩 부는 칼바람이 얼린 몸을 녹이기에 충분했다. 내가 본 바이칼 호수의 사진들은 얼어있지 않은 호수, 즉 여름에 찍은 사진들이었다. 나는 겨울에도 당연히 사진 그 모습 그대로의 광대한 호수를 볼 수 있을 거라 생각했다. 마치 바다처럼 말이다. 하지만 내가 도착했을 때는, 넓디넓은 호수가 꽁꽁 얼어있었다.

'그래, 호수는 고여 있는 물이잖아. 당연히 이 날씨에 얼 수밖에 없지.'

솔직히 처음엔 기대한 모습이 아니라 약간 실망을 했지만, 얼어 있는 호수 사이를 걸으면서 완전히 내 생각은 바뀌었다.

나는 물 위를 걷고 있었다. 여름이라면 절대 해보지 못할 경험을 하고 있는 것이다. 들뜬 마음에 앞으로 계속 걸었다. 걸어도 걸어도 끝이 안 보였다.

'우와! 이렇게나 넓구나.'

그렇게 정신없이 걸었을까. 뒤를 돌아보니 사람들과 앞에 있던 건물들이 개미처럼 작게 보였다. 이대로 더 걸어가면 고립되겠다는 생각에 발걸음을 멈추고 찬찬히 주위를 둘러보았다.

좋은 날씨 탓인지 사방에 덮인 눈 위를 지나다니는 연인들, 가족들, 얼음낚시를 하는 사람들, 바이칼 호수를 쭉 둘러볼 수 있게 얼음 위를 다니는 큰 수송배, 호수 초입에 꼼짝달싹 못하게 정착되어 있는 큰 배들 등 모든 것들이 화보처럼 느껴졌다. 걷다 보면 눈이 걷혀

서 언 호수가 그대로 보이는 곳도 군데군데 있었다. 그 안을 들여다 보면 깊~은 호수 속이 그대로 보이는 것이었다.

'저 안엔 어떤 생명체가 살고 있을까? 아직까지 발견되지 못한 종도 바이칼 호수에 산다는데,'

꽁꽁 언 푸른빛의 호수는 상상력을 자극하기 충분했고, 계속 생각하니 무섭고 소름이 돋았다. 바이칼 호수는 여름, 겨울 둘 다 보면 참 좋을 것 같다. 상반된 매력을 지닐 것이 분명하니까. 겨울엔 봤으니 이제 여름에 가서 바이칼 호수를 볼 차례만 남았다.

TIP

01 카우치 서핑이란?

쉽게 말하면 '무료'로 현지인 집에서 지낼 수 있는 하나의 숙박 시스템이다. 무료라니, 여행자들에게는 이보다 더 좋을 수가 없다. 그렇다면 왜 현지인들이 자신의 집으로, 그것도 모르는 사람에게 무료로 방을 내어주는 걸까? 다양한 이유가 있겠지만 기본적으로 해외에는 이런 만남을 통해 문화도 교류하고, 친구를 사귀고, 다양한 사람들을 만나는데 의의를 둔다고 한다. 말 그대로 하나의 '문화'인 것이다. 옛날 한국 사회에도 손님에게 남는 방을 하나 내어주고 그 손님은 편하게 쉬다 갈 수 있었던 '사랑방'이 있었던 것처럼 말이다. 꽤 장기간 여행을 하는 사람들에게는 사막의 오아시스 같은 카우치 서핑은 전 세계적으로 유명하다. 특별한 여행을 해보고 싶다면 한 번쯤 경험해보는 것을 추천한다.

02 어떻게 신청하나요?

우선 카우치 서핑 홈페이지(www.couchsurfing.com)나 어플을 통해서 회원가입을 하고 본인의 프로필을 작성해야 한다.

프로필을 작성할 때 취미, 특기, 성격, 가본 나라, 살면서 제일 재미있었던 일 등등 본인에 대한 다양한 정보를 적는 칸이 있으니 빠짐없이 다 작성하자. 본인의 프로필은 상세하게 작성할수록 좋다. 입장을 바꾸어 생각해보자. 내가 호스트인데 집에 들일 사람을 볼 때 대충대충 성의 없게 본인을 소개한 사람에게 끌릴까, 자세하게 본인을 어필한 사람에게 끌릴까. 당연히 후자인 사람에게 더 관심이 갈 것이다. 프로필을 작성한 뒤 호스트를 찾아서 신청을 하면 된다. 예를 들어 2019. 03. 21.~2019. 03. 24.까지 러시아 이르쿠츠크에 머물 계획이 있다면 이 일정으로 검색을 한다. 그러면

이 날짜에 나에게 머물 수 있는 곳을 제공해줄 수 있는 호스트들의 목록이 뜬다. 한 명 한 명 그들이 자신에 대해 설명한 글을 읽어보고, 이 사람과 잘 맞겠구나 혹은 재미있게 잘 지낼 수 있겠구나 하는 생각이 들면 나의 프로필과 함께 숙박 요청을 한다. 요청을 받은 호스트는 내 프로필을 읽어보고 내 카우치 서핑 요청을 수락하면 카우치 서핑이 성사가 되는 것이다.

03 위험하지는 않나요?

해외에서 홀몸으로 모르는 사람의 집에서 자는 것은 남녀를 불문하고 위험할 수 있다. 그러나 이 두려움의 문제를 해결하기 위해 '평점과 후기 제도'가 있다. 카우치 서퍼(게스트)들은 본인이 머물렀던 호스트에 대하여 평가를 할 수 있다. 친절했는지, 불친절했는지, 집은 깨끗했는지, 더러웠는지, 다양한 후기를 호스트의 프로필에 남길 수 있다. 그러니 그것을 보고 본인이 판단한다면 '위험 지수'는 현저히 낮아질 것이다.

04 영어를 못해도 가능한가요?

호스트들이 게스트에게 바라는 영어 실력은 그리 높지 않다. 기본적으로 다른 나라에서 오는 사람임을 알고 있고, 프로필에 본인에 대해 자세하게 설명을 해놓는다면 문제 될 게 없다. 여기서 중요한 것은 카우치 서핑을 신청하는 게스트들의 자세이다.

영어를 못 할 경우, 본인만 그 두려움에서 해방된다면 호스트들은 따뜻하게 맞이해 줄 것이다. 소통으로부터 오는 즐거움도 있지만 소통을 위한 과정에서 오는 즐거움도 상당하다. 그러니 영어에 대한 걱정은 크게 하지 말고 '진심'으로 다가가 보자.

카우치 서핑에서 가장 중요한 요소는 서로에 대한 '진심'이라고 생각한다.

카우치 서핑은 '무료로 잠만 자는 곳'이 아니다. 여행에 집중한 나머지 호스트의 집을 '숙소'로만 생각할 수도 있는데, 개인적으로 그건 실례라고 본다. 호스트들은 여행자들과의 관계를 쌓기 원하고, 그들의 여행 이야기를 통해 간접 여행을 하고 싶어 한다. 집을 무료로 제공해주었으니 여행자들은 매일은 아니더라도 호스트가 편한 시간에 맞춰서 같이 식사를 한다던가, 차 한 잔 하면서 이야기를 나누는 것이 예의지 않을까. 사실 여행을 하다 보면 현지인과 대화를 나누는 게 그리 쉽지는 않다. 그러나 카우치 서핑은 현지인을 만나고 대화할 수 있는 최적의 플랫폼이다. 대화하고 소통하는 과정을 통해 호스트에게 도시에 대한 정보, 여행에 대한 정보를 많이 얻을 수도 있고, 생각지도 못했던 도움을 많이 받을 수도 있다. 덤으로 그 나라의 문화와 가치관을 배우고 느낄 수도 있다.

잘 가 나의 카메라여

•

러시아의 수도 '모스크바'는 역시 다른 러시아의 도시들과는 달랐다. 새벽 4시쯤 역에 도착했지만 여전히 화려한 불빛들은 온 도시를 비추고 있었고, 많은 차들, 많은 사람들, 그리고 다른 도시에는 없던 지하철이 있었다. 항상 버스만 타고 다니다가 지하철을 보니 반가웠다. 이른 시간이라 지하철역은 닫혀있었다. 나는 역 밖에서 역의 문이 열리기까지 기다렸고, 한 시간이 지나서야 지하철을 탈 수 있었다. 지하철을 타고 카우치 서핑 호스트의 집인 '세르게이'의 집으로 갔다. 세르게이는 부드러운 긴 생머리에 아주 긴 수염을 하고, 온몸에 타투가 있어서 자칫하면 무서운 인상을 줄 수 있는 친구였다. 하지만 그의 순박한 눈과 해맑은 미소는 그런 위화감을 단번에 없애버렸다. 세르게이는 반갑게 나를 맞아주었고, 자기는 작은 방에서 조용히 혼자 컴퓨터 게임을 하는 것을 좋아하기 때문에 상관없다며 기꺼이 내게 큰 방을 내주었다. 시베리아 횡단열차에서 며칠을 달려온 내게는 5성급 호텔보다도 더 넓고 깨끗하고 럭셔리한 방이었다. 그 후, 세르게이는 러시아식 감자볶음과 치킨을 주었고, 우리는 맛있게 저녁을 먹고 나의 여행기와 세르게이의 삶을 나누며 멋진 시간을 보내었다.

다음날, 본격적으로 모스크바 여행을 시작했다. 확실히 유럽과 붙어 있는 도시라서 그런지 블라디보스토크, 이르쿠츠크처럼 다른 도시들에 비해 볼거리도 많고 관광객들이 많다 보니 생기가 많이 느껴졌다. 거니는 거리마다 보는 건물마다 유럽의 스멜이 많이 풍겼다. 블라디보스토크와 이르쿠츠크에서는 러시아를 느끼는 여행이었다고 한다면 모스크바는 '관광'을 하는 느낌이 많이 났다. 첫 날에는 성바실리 대성당, 레닌의 묘, 크렘린궁, 굼 백화점이 한곳에 모여 있는, 모스크바의 대표 명소인 붉은 광장으로 갔다. 가자마다 입이 떡 벌어지는 스케일의 화려한 건물들은 나의 시선을 꽤 오랫동안 붙잡아 두었다. 특히나 우리가 흔히 알고 있는 게임 '테트리스' 배경으로 나오는 성 바실리 대성당을 보았을 때는 '우와 멋있다!'라는 말을 혼자 계속 되뇌며 벌어진 입을 다물지 못했다. 사진으로는 다 담을 수 없는 웅장함과 특이한 구조의 성당은 지금 다시 생각해봐도 매우 '멋진' 성당이었다. 그 외에도 영화에서만 보던 크렘린궁, 러시아의 최고급 백화점인 '굼 백화점'은 너무나 매력적인 러시아의 자산이었다. 신이 난 나는 혼자 셀카봉, 고프로로 사진을 찍고, 거기에 성이 안차서 삼각대를 세워 놓고 사진을 찍기 시작했다.

성 바실리 대성당 앞에서 사진을 찍으려고 삼각대에 나의 소중한 카메라를 장착했다. 삼각대를 자리 좋은 곳에 세우고 타이머를 설정한 뒤 성당 앞으로 걸어가서 섰다.

'5 · 4 · 3···'

타이머에 맞춰 세상 멋진 포즈를 짓고 있는 중, 갑자기 휭~ 하며 아주 강한 바람이 몰아쳤다. 그리곤 삼각대가 옆으로 기울어지고 있었다. 그 순간 슬로우 모션으로 모든 상황이 펼쳐졌다.

"아안돼애~~~~~!"

나는 필사적으로 카메라로 달려갔다. 하지만 나의 스피드는 바닥으로 곤두박질치는 카메라를 잡아내기엔 역부족이었다. 결국 나의 여행 친구였던 카메라는 러시아의 추위에 언 차갑고 딱딱한 바닥으로 떨어졌다.

'괜찮아, 괜찮을 거야. 설마 부서졌겠어? 저 카메라는 강한 아이야. 분명 버텨냈을 거야.'

쿵쾅거리는 심장을 부여잡고, 조심히 카메라를 들어올렸다. '와우!' 카메라는 처참히 부서져있었다. 하··· 이제 막 세계여행을 시작해서 사진 찍을 날이 훨씬 많은데··· 실사용이라곤 고작 15번도 안되는 새 카메라가 이렇게 허무하게 운명을 다하다니. 바람에 쓰러져 카메라를 날려 먹을 줄이야. 원통했다.

'그래 이미 부서진 거, 일단 잘 챙겨가서 수리를 한 번 해보자!'

러시아의 지하철역은 관광 명소이다. 내가 촬영한 이 역뿐만 아니라, 다른 역도 굉장히 화려해서 지하철역 투어가 있을 정도.

　　흥분을 가라앉히고 주섬주섬 카메라를 챙겼다. 다음날, 카메라 수리점으로 가서 문의를 했다. 주인은 카메라를 고칠 비용이면 하나 사는 게 낫다는 절망적인 이야기를 전해주었다. 오래된 카메라라 부품을 구하기가 어렵다는 게 이유였다. 당시 다른 카메라를 사는 것은 내게는 큰 지출이었기 때문에 어쩔 수 없이 카메라를 편히 보내줄 수밖에 없었다.

　　엎친 데 덮친 격으로 모스크바에서 사기를 당할 뻔 했다. 모스크바의 대표 관광 거리인 붉은광장 뒤에 있는 골목을 걷고 있었다. 많은 관광객들 사이에 러시아 전통 의상 같은 화려한 옷을 입은 사람들이 보였다. 그 사람들은 특유의 제스처와 시끌벅적한 태도로 지나가는 사람들과 대화를 하고 있었다. 놀이공원을 제외하고 일반 거리에서는 본 적 없었던 코스튬이 신기했던 나는, 더 구경하고 싶어서 그 사람들 쪽으로 다가갔다. 그 중 긴 수염을 붙인 풍채 좋은 한 남자가 나를 발견하고 다가오더니 같이 사진을 찍자고 하는 것이었다. 나는 신난 마음에 흔쾌히 수락을 했다. 나와 풍채 좋은 남자, 공주 옷을 입은 여자는 나란히 서서 다양한 포즈를 지으며 사진을 찍었다. '관광객들을 위한 이벤트도 있네! 러시아 좋구만!' 하며 고맙다는 인사를 하고 갈 길을 가려던 순간, 풍채 좋은 남자가 나를 잡았다. 그리고는 한마디 하는 것이었다.

"사진을 찍었으면 돈을 줘야지!"

나는 당황해서 이벤트로 찍어주는 게 아니냐고 물었다. 이 사람들은 황당하다는 듯이 그런 거 아니라고, 사진 촬영을 했으니 돈을 달라고 꽤나 강압적으로 말하는 것이었다. 그런 거라면 미리 말을 해줬어야 되는 거 아니냐고 다시 되물었지만, 대답도 하지 않고 막무가내로 빨리 돈을 내놓으라며 '반'협박을 하는 것이었다. 그제야 나는 깨달았다.

'아… 관광객들을 상대로 사기 치는 놈들이구만!'

나는 돈이 없다고 했다. 그러니 루블(러시아 화폐 단위)이 없으면 미국 달러도 괜찮다고 하는 것이었다. 내 말은 들으려 하지도 않고 독촉만 해대는 그들의 태도에 나는 열이 제대로 받았다.

"아니, 사진을 찍기 전에 돈을 내야 된다고 말을 하던가. 미리 고지도 안 해놓고 이런 식으로 돈을 받으려고 해? 완전 사기꾼들이네."

나는 사람들이 많이 다니는 거리라 일부러 더 크게 소리를 쳤다. 지나가던 사람들은 하나둘씩 우리를 쳐다보기 시작했다. 나는 그렇게 소리를 치고는 핸드폰을 꺼내들어 그들 눈앞에 들이댔다. 그리고는 그들이 보는 눈앞에서 같이 찍었던 사진을 다 지워버렸다.

"자 됐지? 사진 다 지웠어."

남자 둘, 여자 하나의 팀(?)으로 구성된 사기꾼들은 생각보다 강하게 나오는 나의 태도와 사람들의 시선에 적잖이 당황한 듯했다. 그리곤 자기들끼리 러시아어로 대화를 하더니 자리를 떴고, 나도 그 길로 지나가던 길을 갈 수 있었다.

TIP

러시아뿐 아니라 다른 나라에도 이런 경우가 간혹 있다. 화려한 옷을 입었거나 특정 코스튬을 입고 이런 식으로 접근하는 사람들은 경계할 필요가 있다. 순수한 의도일 수도 있지만, 안 그런 경우가 훨씬 많다. 이분 아니라 팔찌를 가지고 돌아다니면서 채워준다던가, 설문 조사를 한다고 다가오는 경우도 있다. 이 상황들도 소매치기이거나 돈을 요구하는 경우가 있으니 조심하기 바란다.

세상에서 제일 맛있는 삼겹살을 먹어보다

•

상트(상트페테르부르크)에서는 2일 정도는 카우치 서핑을 하고, 3일 정도는 한인 교회에서 숙박을 도움 받기로 예정이 되어있었다. 상트 에 도착하자마자 부랴부랴 주소를 보고 카우치 서핑을 할 호스트의 집으로 갔다. 집 앞에서 호스트에게 전화를 했는데 받지 않았다.

'흠… 바쁜가?'

두 번 세 번 시도를 했지만 전화를 받지 않았다.

'내가 분명 이 시간에 온다고 말했는데, 왜 전화를 안 받을까나?'

슬슬 불안해지면서 다시 전화를 몇 번을 더했지만 끝끝내 받지 않았다. 보아 하니 오늘 이 집에 못 들어가겠다는 확신이 들었다. 어 떡해야 하나 고민하다가 결국, 3일 동안 머물 곳을 제공해주신다고 하신 선교사님께 연락을 드렸다.

"선교사님 안녕하세요! 일전에 연락드린 최상민이라고 합니다. 다름이 아니라 오늘부터 이틀 간 숙소를 제공해주기로 한 친구가 연 락이 안 되어서요. 당장 머물 수 있는 곳이 없는데 너무 송구스럽지 만 이틀 정도 더 신세를 질 수 있을까요?"

"그럼요! 언제든지 환영이죠… 그때 불러드린 주소로 오세요…"

갑작스런 부탁에도 흔쾌히 허락해주신 선교사님께 세 번 네 번 거듭 감사하다는 말씀을 드리고, 불러주신 주소로 찾아갔다.

알고 보니 내가 간 곳은 교회가 아니었고, 선교사님이 운영하시는 학교였다. 학교는 한국인 친구들과 현지 러시아 학생들이 같이 공부하는 곳이었다. 마침 내가 러시아에 방문한 기간이 방학 기간이어서 기숙사에 있던 아이들이 다 고향으로 내려가서 방을 하나 내어주실 수 있었던 것이다. 기숙사 방을 그것도 혼자 쓰다니. 선교사님을 뵙고 감사 인사를 드리고 방으로 올라갔다. 깨끗하고, 따뜻한데다 방 안에 개인 샤워실이 있는 방이었다. 나는 터져 나오는 미소를 감출 수가 없었다.

'이렇게 좋은 조건의 숙소를 제공받을 수 있다니…'

너무나 복에 겨운 공급에 감사하며 짐 정리를 하고, 마침 점심시간이어서 식당으로 밥을 먹으러 갔다. 앞으로 삼시 세끼는 다 여기서 챙겨먹으면 된다는 식당 아주머니의 말에 기뻐서 까무러칠 뻔했다. 여기서 지내는 아이들은 학식을 하도 많이 먹어서 이제는 질려서 더 이상 못 먹겠다고 했지만 나는 아무래도 상관없었다. 숙박도 모자라 식사까지, 이보다 더 좋은 대우를 받을 수 있을까. 시베리아 횡단열차 안에서 세끼 내내 컵라면을 먹던 내게는, 이름 모를 그 러시아식 음식은 정말이지 5성급 호텔의 스테이크와 뷔페보다 훨씬 더 값지고 맛있는 음식들이었다. 상트 여행을 하는 내내 이 기적 같은 일들은 내게 너무나 큰 힘과 행복이 되어주었다.

러시아의 전 국민 중 75%가 러시아 정교를 믿는 나라답게 러시아에는 교회와 성당이 많
다. 교회의 건축 형태와 모
양은 정말 비슷하면서도 조
금씩 다른 미묘한 차이가
있다. 그런 부분들에서 러
시아의 매력을 많이 느낄
수 있었다.

그 중 상트에 있는 '성 이
삭 성당'이 최고였다. 유럽 여행을 해본 사람들은 알겠지만, 유럽에
는 관광 명소로 손꼽히는 성당과 교회들이 정말 많다. 나도 여행을
하면서 성당과 교회들을 많이 다녀봤다. 개인적인 느낌으로는 '성
이삭 성당'만큼 화려했던 곳은 없었다. 성당에 들어가자마자 보이는
황금빛으로 물든 내부는 특유의 화려함과 웅장함으로 나를 압도했
다. 입을 쩍 벌리고 한동안 멍하니 서서 주위를 둘러보았다. 그때의
느낌을 생각하면 지금 글을 쓰고 있는 이 순간에도 소름이 돋는다.
사진으로만 만족하지 말고, 러시아 여행을 하게 된다면 꼭 한 번 들
러 직접 보기를 권면한다.

상트 여행은 러시아의 또 다른 매력을 느낄 수 있는 도시여서 좋
았지만, 상트는 여름에 오면 참 좋겠다고 생각했다. 예카테리나 궁
전이라고 상트의 명소 중에 명소가 있다. 매 여름마다 예카테리나
여왕이 휴가를 보내던 궁전이어서 '여름 궁전'이라고도 불린다. 여

성 이삭 성당 내부

름에 여왕이 휴가를 보내던 곳이기 때문에 궁전과 정원, 분수 등 모든 건축물과 환경은 두말할 것 없이 으리으리하고 멋지다. 특히나 '여름 궁전'이라는 타이틀답게 여름에는 그 아름다움이 두 배는 될 것이라는 예상은 누구나 할 수 있을 것이다. 그러나 시원한 물줄기가 솟아나야 하는 분수에는 눈이 소복이 쌓여있었고, 푸르른 나무가 있어야 될 공원에는 앙상한 나무들만이 가득했다. 그래서 겨울에 보러 갔던 나는 여름만큼의 매력은 많이 못 느끼고 왔다. 그 외에도 상트의 아름다운 거리와 건물들은 눈으로 많이 뒤덮여 있었고, 눈으로 인해 거리가 많이 더럽혀져있었다. 겨울은 겨울대로 매력이 있긴 했지만 온전히 상트의 아름다움을 느끼지 못했던 건 사실이었다.

하루는 오전 일찍 나가서 상트 시내를 둘러보고 저녁 조금 안 되어서 숙소로 돌아왔다. 매일 돌아다니니까 피곤하기도 했고 추운

날씨 때문에 따뜻한 곳에서 쉬고 싶은 열망이 가득했다. 컵라면으로 저녁을 때우고 숙소 바닥에 앉아 영화 한 편을 보며 간만의 여유를 느끼고 있었다.

"똑똑똑"
밖에서 문소리가 들렸다.

"누구세요?"
"형 저 태훈이에요!"
태훈이는 내가 지내는 숙소가 있는 학교에서 공부를 하고 있는 한국인 학생이었다. 내가 첫 날 숙소에 도착했을 때에도 먼저 와서 필요하거나 도울 일이 있으면 언제든지 말하라고 다가와 주었다. 또 상트 여행을 하기에 좋은 루트를 짜주고 맛있는 도넛집까지 알려준 고마운 친구였다. 그런 태훈이가 또 다른 한국인 동생 요한이와 같이 내 방을 찾아온 것이다.

"왜 무슨 일이야?"
"형 식사하셨어요?"
"응, 먹었어. 왜?"
"아, 이거 드시라고 가져왔는데…."

그러면서 접시를 하나 내밀었다. 접시 위에는 지금껏 보지 못했던, 두꺼운 비계와 살코기의 조합이 완벽한 비율을 이루는 삼겹살과 밥, 쌈 채소, 쌈장이 아주 가지런히 잘 올려져있었다. 그 장관을 보자마자 내 코와 눈은 갓 구워 솔솔 온기가 올라오는 삼겹살에 넋을 빼앗겨버렸다. 정신을 차리고 삼겹살을 가져온 태훈이와 요한이에게 눈을 돌렸다. 그들 뒤에서 후광이 비치고 있었다. 영롱하게 밝게 비추던 빛은 갈수록 강력해져서 더 이상 그들을 쳐다볼 수 없을 지경에 이르렀다. 맨날 라면 먹고 학식만 먹는 모습이 딱해 보였는지, 긴축정책을 통해 세계 여행을 하는 나의 계획을 알고 있어서인지 몰라도 나를 위해 삼겹살을 가져온 듯했다. 고맙다고 받으면 되는데 나도 모르게 이상한 말이 나와버렸다.

"아이고, 이거 너네들 먹어! 난 저녁 먹었어."

쓸데없이 마음에 없는 소리가 목구멍을 타고 흘러나온 것이다. 첫 번째 물음엔 거절하고 두 번째 물음엔 수락하는 특유의 한국식 습관이 나도 모르게 튀어나온 것이었다.

'아…! 알겠다고 그냥 가져가면 어떡하지? 지금이라도 다시 고맙다고 하고 받을까? 제발 가지마. 한 번 더 물어줘!'

그 짧은 시간에 온갖 생각이 다 들었다. 그리고 나온 그들의 대답.

"아, 네 알겠어요 형! 배 안 고프신 거 같으니까 저희가 마저 먹을게요. 그럼! 편히 쉬세요!"

'쿵!' 무언가가 심장을 세게 친 듯한 충격을 느꼈다. 그렇게 그들은 한 번 더 '정말 안 먹을 거냐고' 물어보지도 않고, 냉정히 뒤로 돌아 내 방으로부터 멀어져갔다. 잠깐 스친 상상 속에서.

"아이고, 이거 너네들 먹어! 난 저녁 먹었어."
"아니에요. 저희는 다 먹었어요. 형 드리려고 가져왔는데 조금이라도 드셔보세요. 맛있을 거예요."
"그래 고마워. 진짜 잘 먹을게! 맛있겠다!"

이것이 현실이었다. 미래를 책임질 인재들답게 센스 있게 다시 한 번 물어봐주었다. 나는 '너희의 성의를 생각해서 먹을게'라며 마지못해 받는 척 하며 덥석 접시를 받아들었다. 재정을 아끼기 위해 빵과 라면으로 연명하던 나의 삶에 오동통한 삼겹살은 한줄기 빛이 되었다. 한국에서 흔하게 먹던 그 삼겹살과 상추와 밥의 조합은 왜 이리도 맛있는지. 태어나서 먹었던 삼겹살 중 가장 맛있었던 삼겹살이었다. 나는 며칠 굶은 사람처럼 허겁지겁 숨도 안 쉬고 순식간에 먹어치웠다. 아직까지도 그때의 삼겹살보다 맛있는 삼겹살을 먹어보지 못했다.

영어야 반가워

●

일요일, 교회에서 예배를 드리고 상트에서 아일랜드로 가기 위해 공항으로 갈 채비를 하고 있었다. 그러던 중 선교사님이 오셔서 지금 가면 점심 먹기가 애매한 시간이니까 주방에 끓여놓은 라면을 먹고 가라고 말씀해주시는 것이었다. 크~ 마지막까지 손수 보여주시는 큰 배려와 챙김이 얼마나 감사했던지. 시간을 계산해보니 10분 정도는 여유가 있었다. '라면 하나 먹는데 5분이면 되겠지' 생각하고 흔쾌히 주방으로 들어갔다. 거기서 나는 국물과 함께 나를 기다리는 불닭볶음면 2봉지와 조우했다.

"이게 좀 매운 라면인데 젊은 친구들이 좋아하는 거래! 두 개 끓였으니 다 먹고 가면 돼…"

매운 것을 잘 못 먹는 나는, 세계 여행에서의 첫 번째 난관에 봉착했다. 지금껏 숱한 문제들과 상황들을 잘 이겨내 왔는데, 불닭볶음면에서 나의 첫 위기를 맞을 줄이야. 그렇게 나는 라면과의 전쟁을 시작했다. 그냥 라면이라면 10분이면 충분히 먹지만 불닭볶음면의 경우엔 턱 없이 모자란 시간이었다. 일단 시간이 없으니 호기롭

지금 봐도 푸짐해 보인다.

게 먹기 시작했다. 먹다가 사실 포기하고 도망치고 싶었다. 그렇지만 주신 정성이 있기에 차마 그러진 못했다. 조금이나마 매운 맛을 덜 느끼기 위해 최대한 빨리 먹었다. 국물도 남기는 것은 실례라고 생각하며 다 마시려고 했지만 도저히 내 혀와 위가 허락하지 않았다. 10년 같았던 10분의 고군분투 끝에 면만 다 먹고 국물은 조금 남겼다. 태연한 척, 선교사님과 집사님들께 신경써주셔서 감사하다는 인사를 다시 한 번 드리고, 다음 목적지인 아일랜드로 가기 위해 상트페테르부르크 공항으로 출발했다.

'아일랜드는 어떤 나라일까? 이제 본격적인 유럽 여행의 시작이다!'

들뜬 마음으로 아일랜드 더블린행 비행기를 기다리고 있었다. 출발 시간이 다 되어가고 있는데 한 시간이 연착되었다는 정보가 전광판에 떴다.

'나 참 연착이 되어버렸네. 빨리 가고 싶은데, 어쩔 수 없지 뭐.'

홀로 아쉬움을 달래며 한 시간을 기다렸다. 그리고는 전광판에 내가 탈 비행편의 게이트가 바뀌었다고 뜨는 것이다. 시간은 아직 남았지만 괜히 급한 마음에 부랴부랴 바뀐 게이트로 뛰어갔다. 가쁜 숨을 몰아쉬며 게이트 앞에 서 있는데 웬걸, 한 시간이 또 연착이 되었다고 떴다. 슬슬 불안해지기 시작했다. 비행기를 많이 타본 것이 아니라 더 불안했다. 한 번 연착되는 상황은 있다 하더라도 두 번씩이나 연착되는 상황은 조금은 특이 케이스라고 생각되었다. 황당함이 밀려오는 상황이었지만 내가 할 수 있는 건 기다리는 것뿐이었다.

'뭐야, 이거 이러다 비행기가 취소도 되어버리겠네 허허.'

역시 입이 방정이라더니. 내가 탈 비행기가 있는 곳의 기상 악화로 인해 결국 비행편이 취소가 되어버리는 대참사가 발생한 것이다. 태어나서 정확히 세 번째로 비행기를 타는 것이어서 그랬는지 당황스러움을 감출 수 없었다.

'아…! 이거 어떻게 해야 되나?'

사실 비행편이 취소가 되면 항공사 측에서 다음 항공편은 물론 호텔까지 잡아주는 게 보통 처사이다. 그러나 항공사 규정에 따라 그렇게 보상을 해주는 게 어려운 곳도 있다는 것을 알고 있었다. 게다가 나는 여행자 보험도 없던 상태였기 때문에 더욱이 불안할 수밖에 없었다. 일단 위탁했던 수하물을 찾고, 체크인 했던 곳으로 가서 줄을 서서 기다리면 알아서 처리를 해주겠다는 항공사의 안내에 따라 플랫폼으로 갔다. 수많은 사람들이 줄을 서서 환불 혹은 보상 절차를 밟고 있었는데, 하필 그 플랫폼이 하나였다. 공교롭게도 내가 거의 마지막에 서 있어서 또 두 시간을 서서 기다려야 했다.

마침내 내 차례! 두근거리는 마음으로 설명을 듣기 시작했다. 다행히도 걸어서 5분 거리에 있는 호텔을 잡아주고, 다음날 제일 빠른 오전 비행기로 다시 비행편을 잡아준다는 희소식이었다. 게다가 저녁 식사와 다음날 아침 식사까지 포함된다는 것이다.

'에헤라디야~! 호텔에서 공짜로 자고 밥도 먹을 수 있다니. 비행기 취소되는 거 나쁘지 않은데?'

불안에 덜덜 떨었던 그 감정은 어느 새 눈 녹듯 사라지고 시답잖은 허세만 남아있었다. 밝은 해가 비추던 낮에 들어가 밝은 달이 은은히 빛나는 밤에 공항에서 나올 수 있었다.

안내를 받아 간 호텔은 너무 좋았다. 큼지막한 침대 두 개가 붙어있고, 깔끔하게 잘 정돈된 베개와 이불, 좋은 향이 나는 화장실, 모든 것이 완벽했다. 좀 쉬다가 저녁을 먹으러 식당으로 가니 뷔페가 준비되어 있었다. 가짓수는 많지 않았지만 상관없었다. 나는 감개무량해하며 이것저것 허겁지겁 배가 터지도록 저녁을 먹었다. 식사를 마치고 방으로 올라가 뜨끈한 물로 샤워를 하고 침대에 누웠고, 수면제를 먹은 것처럼 나도 모르게 스르르 잠이 들었다. 잘 먹고 잘 자고 잘 쉬고 다음날 아침, 아일랜드행 비행기에 몸을 실었다.

러시아에서 20일 정도를 지내고 아일랜드로 넘어왔을 때, 공항에 도착하자마자 행복해졌다. 오랜만에 보는 영어로 된 안내, 간판, 사람들의 대화들이 너무 반가웠기 때문이었다. 러시아에서는 영어로 된 간판이나 안내를 찾기가 참 힘들었다. 유일하게 할 수 있는 외국어가 영어인데, 그마저도 사용을 못하니 의사소통이나 정보를 찾는 데서 조금 고생을 했었다. 영어가 모국어도 아니고 잘하는 것도 아닌데 이렇게 반가울 정도면 나도 영어를 참 좋아하는구나 싶었다.

아일랜드에서는 확실히 러시아와는 다른 유럽의 분위기를 느낄 수 있었다. 아일랜드는 인구가 약 500만밖에 안 되는 나라이다. 그리 크지 않은 나라이기에 수도인 더블린에서만 5박을 머물렀다. 아일랜드는 날씨가 기가 찰 정도로 황당했다. 비가 내렸다가 그쳤다가 해가 났다가 갑자기 어두컴컴해지고 다시 밝아졌다가… 도무지 가늠을 할 수 없는 그런 날씨였다. 이런 날씨가 익숙한 탓인지 길거리에서 10명 중 5명은 가는 비도 아니고 꽤나 굵은 비가 쏟아지는데도 아랑곳하지 않고 비를 맞으며 걸어 다니는 모습을 많이 볼 수 있었다. 신기할 따름이었다.

나는 평소 해리포터의 열렬한 팬이다. 그런 나에게 아일랜드 여행의 꽃은 뭐니 뭐니 해도 영화 '해리포터'에 나오는 촬영지와 그 모티브가 된 장소를 가보는 것이었다. 트리니티 대학교 안에 있는 '롱룸'은 '해리포터 시리즈'에 나오는 마법학교 호그와트 도서관의 모티브가 된 장소이다. 정확히 말하면 영화를 제작할 때 '롱룸'에서 영감을 받아 영화 속에 나오는 도서관을 구현했다고 잘 알려져 있는데, 직접 가서 보니 놀라웠다.

고풍스러운 갈색으로 둘러진 높은 천장과 양쪽으로 길고 높게 세워진 책꽂이들은 마치 실제 호그와트 도서관에 있는 듯한 착각을 불러일으켰다. 관광객들이 많아서 조금은 시끄러운 듯 느껴졌는데, 만약 혼자 이곳에 서 있다면 조금은 무서워질 것만 같은 특유의 엄숙한 분위기도 있었다. 그리고 롱룸 중간에 보면 한쪽 줄이 끊어진 오래된 하프가 있었는데, 이 하프는 아일랜드를 상징하는 하프였다. 이 때문에 우리가 잘 알고 있는 아일랜드의 유명한 맥주 '기네스'의

트리니티 대학교 안에 있는 '롱룸'

해리포터와 혼혈 왕자의 마지막 부분에
나오는 장면의 촬영지인 '모허 절벽'. 덤
블도어와 해리가 볼드모트의 호크룩스
를 찾기 위해 찾아가는 동굴이다.

로고도 한 쪽 줄이 없는 하프 모양이고, 유럽을 여행해본 사람이라면 누구나 알 수 있는 '라이언에어' 항공사의 마크 또한 한쪽 줄이 없는 하프 모양인 것이다. 라이언에어는 사실 유럽에서는 가장 큰 항공사라고 해도 과언이 아닌데, 그 항공사가 이렇게 작은 아일랜드의 항공사였다니. 이 사실을 들었을 때 굉장히 신기하고 놀라웠다.

아일랜드에서는 전체적으로 평화로운 느낌을 많이 받았다. 호주에서도 동일하게 느낀 부분인데, 사람들의 표정과 행동에서 특히나 많이 느낄 수 있었다. 내 주변의 분위기와 상황이 나의 상황에 크고 작은 영향을 미치는 것을 잘 알기에, 이런 분위기 속에서 살면 좀 더 행복해질 수 있겠다는 생각이 들었다. 작은 나라여서 다른 나라만큼 많은 곳을 가보거나 비교적 다양한 것들을 보지는 못했지만 수수한 매력을 가진 아름다운 나라, 아일랜드였다.

백조와 교감을 시도, 예상치 못한 크기와 퍼덕거림에 움찔했다.

쉬어가기 사람은 추억을 먹고 산다

여행을 다녀온 지 수개월이 지났다.
막상 돌아왔을 때는 정신없이 지냈기 때문에
해외에서 있었던 시간들을 상기할 여유가 없었지만
감사하게도 삶이 안정권에 접어든 요즘,
문득문득 '배고프지만 즐거웠던' 그 시간들이 생각난다.

'추억'은 상당한 힘을 가지고 있다.
한때의 '추억'들은 나를 미소 짓게도,
각성하게도 하며 배우게도 한다.
또 '추억'으로부터 오는 영감을 통해
삶의 방향을 수정하기도 한다.

내가 살아가는 모든 순간들은
내 의지와 상관없이 추억으로 남는다.
아니 추억으로 남을 수도 있다.
그렇기에 시간의 계수함을 알고
흘러가는 하루를 소중하게 생각하는 것이
나를 사랑하고 아껴주는 하나의 방법이 아닐까.

아일랜드에서 가장 오래된 펍

역시 괜히 런던이 아니구만

•

유럽 여행 중 한 나라 안에서 가장 많은 일이 있었고, 가장 많은 곳을 가봤고, 가장 많은 추억이 있는 곳이 어디냐고 묻는다면 지체 없이 영국이라고 말할 것이다. 이유는 간단하다. 제일 오래 머문 나라이기 때문이다. 나는 아일랜드에서 영국으로 넘어와서 두 달간을 런던에 있는 한인 민박에서 일을 했다. 일을 하면서 민박집으로부터 숙식을 제공받고 소정의 월급을 받으면서 생활을 했다. 그래서 영국에서는 여행 예산으로부터의 지출이 거의 없었다. 물가가 비싸기로 유명한 런던에서 돈 걱정 없이 두 달을 보냈으니 이보다 좋은 여행을 할 수 있을까 싶다. 돈을 떠나서도 두 달이라는 시간 동안 좋은 사람들을 많이 만났고, 런던에서 볼 수 있는 곳은 거의 다 가보면서 좋은 경험들을 많이 했기 때문에 거의 완벽에 가까운 여행이었던 거 같다.

한인 민박에서 일하면서 보냈던 두 달의 시간은 '재미있음' 그 자체였다. 일하는 조건부터 굉장히 좋았다. 일주일 동안 4일을 일하고 3일을 쉬는 스케줄이었다. 일하는 4일 동안은 오전 8시부터 밤11시까지 하루 종일 민박집에 머물러야 했다. 너무 과한 스케줄이라고도 생각할 수 있겠지만 전혀 그렇지 않았다. 내가 할 일은 체크인을 받고 민박집 이용 방법을 설명해주는 일과 간단한 청소만 하는 것이어서 모든 업무를 마치면 편하게 내 방에서 쉴 수 있었기 때문이었다. 쉬면서 낮잠도 좀 자고, 기타 연습도 하고, 운동도 하고, 영화도 보고, 개인적인 다양한 활동을 할 수 있었다. 휴무인 3일 동안은 일에 구애받지 않고 마음껏 런던 시내를 둘러보고 여행을 할 수 있었기 때문에 나에게는 최적의 스케줄이었다. 일도 일이지만 숙식을 해결할 수 있는 점이 정말 좋았다. 특히 일을 하면서 제일 만족했던 점 중 하나가 '요리'에 흥미를 붙인 것이었다. 우리 민박집은 매일 오전, 한식을 요리해서 숙박객들에게 제공했다. 그래서 일하는 아침마다 직접 요리를 해야 했다. 요리에 그다지 흥미가 없던 나는 한식을 요리하면서 재미를 붙이게 되었고, 요리 실력도 꽤나 많이 늘게 되었다. 또 같이 일했던 동생과 사장 누나와의 합이 정말 잘 맞아서 더 재미있게 일할 수 있었다.

한인 민박에서 일을 하다 보니, 방학 때 잠깐 머리를 식히러 온 대학생, 휴학을 하고 장기 여행을 하는 대학생, 일이 너무 힘들거나 잘 안 맞아서 회사를 그만두고 온 사람들, 휴가를 길게 내어서 온 사람들 등등 본인만의 스토리를 가진 다양한 사람들을 많이 만날 수 있었다. 그들에게 다양한 분야의 일과 공부를 했던 이야기들을 들으며 나의 경험들도 같이 공유하고, 이런저런 이야기들을 하면서 개인적으로 배우고 깨달았던 부분들도 많았다. 특히 생각보다 '퇴사'를 하고 여행을 온 사람들이 꽤 많았다. 퇴사를 결심할 수 있었던 이유는 어떤 글과 여행기를 통해 얻은 '용기' 덕분이라고 대부분 말을 했다. 요즘 들어 확실히 여행이 주는 매력과 개개인이 가진 '스토리'들이 가진 힘과 영향력이 커지고 있다는 사실도 피부로 느낄 수 있었다.

런던은 길거리에서 걷기만 해도 마치 영화를 보는 것 같은 착각을 불러일으켰다. 주변에서 들리는 영국 사람들의 대화. 특히나 그 유명한 영국식 발음으로 도배된 그들의 대화는 나의 귀를 아주 황홀하게 했다. 그 밖에 역사가 깃들어 있는 듯한 오래된 건물들과 현시대를 보여주는 모던한 스타일의 건물들의 조화, 길거리를 걸어 다니는 패셔너블한 사람들, 템즈강 앞에서 버스킹을 하는 사람들, 화려한 네온사인이 거리를 비추는 뮤지컬의 메카 웨스트엔드 등, 셀 수 없을 만큼 다양하고 멋진 매력으로 가득 찬 '런던'은 정말이지 살고 싶을 만큼 나의 모든 감성을 꽉 붙잡았다.

'런던'을 생각했을 때 딱 떠오르는 것이 무엇이 있는가. 각자 관심사가 다 달라서 답은 가지각색일 것이다. 건물이나 관광지를 좋아하는 사람들은 '빅벤'이나 '런던아이' 등 다양한 명소를 떠올릴 것이고, 음식을 좋아하는 사람들은 플랫아이언의 '스테이크' 버거 앤 랍스터의 '햄버거' 등 다양한 음식들을 떠올릴 것이다. 영화와 연극 등 예술을 전공하고 예술을 사랑하는 나에게는 '런던'하면 뮤지컬이 딱 떠오른다. 런던의 웨스트엔드는 전 세계적으로 뮤지컬 시장이 가장

런던의 피카딜리 서커스. 런던에서 가장 'Hot'한 곳이다.

런던의 리젠트 스트릿

큰 곳으로, 뉴욕의 브로드웨이와 양대 산맥을 이루고 있다. 한국의 경우 뮤지컬 전용극장이 없고, 보통 큰 극장에서 시기에 맞춰 다양한 뮤지컬 공연을 하는 것이 대부분이다. 하지만 런던은 각 뮤지컬마다 전용 극장이 있다. 그만큼 뮤지컬 시장이 커 종류도 많고, 사람들이 많이 찾는 곳이기에 볼 공연들이 정말 수도 없이 많다.

런던에는 각 뮤지컬마다 공연이 있는 날, 매일 오전 10시부터 창구에서 당일 티켓을 아주 저렴하게 파는 '데이시트'라는 티켓이 있다. 나처럼 돈이 없거나 저렴하게 뮤지컬을 보고 싶은 사람들에게 아주 최적화된 보물 같은 티켓이다. 이렇게 저렴하게 파는 티켓은, 보통 예약이 안 된 자리이거나 예약이 취소된 자리이다. 예약이 안된 자리는 비싸서 예약이 안 된 경우가 대부분이기 때문에 다르게 말하면 좋은 자리가 많다는 뜻이기도 하다. 오전에 조금만 부지런히 움직여서 티켓 창구 앞에서 줄을 서서 기다리면 보통 80~100파운드 이상 하는 티켓을 단 20~30파운드 선에서 구매할 수 있는 것이다.

나는 런던에서 일을 하면서 지냈기 때문에 오전에는 시간이 항상 많았다. 그래서 뮤지컬을 보고 싶을 때마다 오전에 일찍 가서 줄을 서서 데이시트 티켓을 구매해서 보곤 했는데, 그렇게 본 뮤지컬이 5편이 된다. 엄청 많이 본 건 아니지만 그래도 보고 싶었던 뮤지컬은 거의 본 것 같다. 런던 여행을 계획하고 있다면 뮤지컬은 꼭 한 번 보라고 강력 추천한다. 무슨 말인지 이해를 하나도 못할 수도 있다. 나도 모든 대사와 노래를 다 이해할 수 있어서 본 것이 아니었기에.

그러나 영어 실력과 별개로 하나의 문화라고 생각하고 한 번쯤은 런던 웨스트엔드에서 뮤지컬을 본다면 더 풍성한 런던 여행이 되지 않을까 싶다.

예술은 가슴으로 느끼는 것이니까 말이다.

TIP

뮤지컬별로 거의 대부분 데이시트 티켓을 팔지만 혹시 모르니 보고 싶은 뮤지컬이 데이시트 티켓을 파는지 꼭 한 번 알아보고 가는 것을 추천한다. 10시에 창구가 오픈한다고 10시까지 맞춰서 가면 티켓을 얻기 힘들 수도 있다. 생각보다 '데이시트' 티켓의 존재를 아는 사람들이 많기 때문이다. 그러니 1시간에서 1시간 30분 정도 일찍 가서 기다리는 것도 좋다.

손흥민! 기다려라 내가 간다

●

지난 2018년, 러시아 월드컵이 열렸다. 안타깝게도 대한민국은 예선 탈락을 해서 16강에 올라가지 못했지만 국내에서의 월드컵 열기는 용광로처럼 뜨거웠다. 바로 대한민국이 피파 랭킹 1위인 독일을 보기 좋게 이겼기 때문이었다. 그 중심에는 대한민국의 명실상부에이스 '손흥민'이 있었다. 손흥민은 현재 영국 프리미어 리그에 있는 '토트넘 홋스퍼'라는 팀에 소속되어 팀 내 에이스로 손꼽히며 좋은 기량을 펼치고 있다. 남녀노소 가릴 것 없이 축구를 좋아하는 사람이라면 런던에 와서 프리미어 리그 축구 경기를 보는 것이 버킷리스트인 사람들이 있을 것이다. 특히나 대한민국 선수인 손흥민이 소속으로 뛰는 토트넘과 다른 팀의 경기는 한국인 여행객들에게 꽤 인기가 높은 편이다. 한인 민박에서 일을 할 때도 손흥민을 보기 위해 토트넘 경기를 보러 가는 친구들을 많이 보았다. 나도 축구를 좋아하는 편이지만, 당시에는 굳이 돈을 내고 가서 경기를 보기엔 돈이 좀 아깝다는 생각이 들어서 한 번도 직관을 가보진 않았다.

그러던 어느 날, 토트넘의 시즌 마지막 경기가 토트넘의 홈구장인웸블리 스타디움에서 열린다는 소식을 접했다. 마지막 경기든 첫 경기든 관심이 없던 내게 한 동생이 좋은 정보를 주었다. 웸블리 스타디움에서 경기를 보고, 경기가 끝난 후 주차장 쪽에서 좀 기다리면 집으로 가는 손흥민이나 팀 선수들을 '볼 수도' 있다고. 직관에는 관심이 없어도 손흥민에는 관심이 많았던 나는 손흥민을 직접 만나보고 싶었다. 그래서 경기가 끝나는 시간에 맞춰서 경기장으로 갔다.

경기 후, 선수들이 차를 타고 빠져나오는 게이트 앞으로 갔다. 월드컵 전, 리그 마지막 경기여서 그랬는지 유독 많은 사람들이 이미 서서 기다리고 있었다. 사실 손흥민을 만난다고 해도 워낙에 사람이 많아서 같이 사진을 찍고 사인을 받을지도 의문이었다. 그래서 나는 특별하게 손흥민에게 다가갈 나만의 무기를 만들어 갔다. 그것은 바로 '안성탕면' 플래카드였다. 박스에 '손흥민! 라면 하나 드릴게요. 싸인 하나만 해주세요! 제발!'이라고 쓰고 그 밑에 진짜 '안성탕면'을 하나 붙였다. 손흥민을 보겠다는 집념하에 갖은 부끄러움을 무릅쓰고 가져간 나의 핸드메이드 플래카드를 들고 주차장 앞에서 계속 서서 기다렸다.

그렇게 한 시간 반 정도 기다렸을까. 선수들이 한 명씩 자기 차를 타고 나오는 것이었다. 나뿐 아니라 거기서 기다리던 한국인들, 외국인들은 하나같이 긴장이 되어 각자 좋아하는 선수들이 언제 나올까 목이 빠지게 기다렸다. 그러나 손흥민은 끝끝내 나타나지 않았다. 이후에 이야기를 들어보니 반대편 문으로 빠져나갔다는 것이다.

'아…! 운도 없네. 나의 플래카드는 꼭 전해주고 싶은데.' 하는 찰나, 축구를 좋아하는 사람들은 모를 수가 없는 손흥민보다도 세계적으로 더 유명한 토트넘의 또 다른 에이스 '델리 알리' 선수가 나오는 것이다. 기다리던 사람들은 좀비가 되어 일제히 알리의 차로 돌진했다. 알리는 그 많은 사람들에게 일일이 사인을 해주고 사진을 찍어주었다. 그 뒤를 따라 나온 콜롬비아 선수 '다빈손 산체스', 영국의 유망주 '카일 워커 피터스'와도 사진을 찍었다. 모든 선수들이 나오고 다들 집으로 돌아가려는 순간, 나는 마지막으로 나온 '카일 워커' 선수에게 플래카드를 건네주며 말을 걸었다.

"카일! 이거 한국에서 제일 유명한 라면인데, 아마 손흥민은 뭔지 알 거야"
"그래서 이걸 Sonny(선수들은 손흥민을 이렇게 부른다)에게 가져다 주라고?"
"응. 아니면 너가 먹어보고 싶으면 먹어도 돼. 상관없어."
솔직히 손흥민이 라면을 받는 것보다 카일이 나에 대한 이야기를 언급해주는 것이 더 중요하다고 생각했다.

토트넘 훗스퍼의 델리 알리 선수

카일 워커에게 라면을 전해주는 순간

"근데 어쩌지? 나 당분간 Sonny를 못 봐. 월드컵 때문에 곧 한국으로 갈거야."

"괜찮아 언젠간 볼 거니까. 그렇지? 내가 손흥민을 볼 확률보다 너가 볼 확률이 훨씬 높잖아."

계속 거절하면 자신의 집까지 쫓아올 것만 같은 집착을 보여주니 카일은 알겠다며 나의 플래카드를 받아들었다.

나는 사랑한다고, 고맙다고, 너가 최고의 선수라며 부족한 영어를 짜내고 짜내어 고마운 마음을 전했다. 그렇게 카일은 나의 플래카드를 품에 꼬옥 품은 채 저 멀리 사라졌다.

나의 라면과 플래카드가 손흥민 선수에게 전달이 되었을지 모르겠다. 그 후 손흥민의 SNS에 들어가서 나의 플래카드 사진이 있는지 확인했지만 찾지 못했다.

과연 나의 라면과 플래카드는 어디로 갔을지… 궁금하다.

런던의 근교 도시 추천(윈저, 글로스터, 옥스퍼드, 브라이튼)

●

영국의 좋은 점 중 하나는 색다른 매력을 지닌 도시가 많다는 것이다. 영국을 간다면 수도인 '런던'에만 있지 말고, 하루 이틀이라도 근교 도시로 여행을 다녀오면 더 풍성한 영국 여행이 될 수 있을 것이다.

윈저

윈저는 매 여름, 엘리자베스 여왕이 휴가를 보내는 곳이다. '윈저성'이라는 곳에 여왕이 머무는데 보통 날엔 관람이 가능하지만 여왕이 머무를 때는 관람이 금지된다. 정확한 이유는 알 수 없지만 그 많은 도시 중에 한 나라의 여왕이 휴가를 보내러 오는 도시라면 분명 이유가 있을 것이다. 딱 윈저에 처음 도착했을 때 '아 이래서 여왕이 여기로 휴가를 오는 구나'라는 생각이 들었다. 보기엔 평범한 동네처럼 보인다. 대체적으로 조용하고, 중심가로 보이는 곳에 있는 마트, 옷가게, 상점 등을 빼면 한산한 거리, 고즈넉한 분위기의 윈저는 '나도 여기 살고 싶다'라는 말이 나올 정도였다. 윈저성 안을 들어가 보려 했지만 입장료도 생각보다 비쌌고, '굳이 안 들어가도 된다'라는 후기를 보고는 그냥 윈저성 주위와 동네만 둘러봤는데도 충분했다.

윈저의 '롱워크'

원저성

　특히나 '롱워크(Long walk)'라는 공원이 참 좋았다. 롱워크는 윈저성 뒤에 있는 세로로 엄청나게 길게 조성되어 있는 공원인데, 끝에서 끝까지 가려면 한참 걸어가야 돼서 말 그대로 '롱워크'라고 한다. 넓은 공원만 보다가 앞으로 위풍당당 쭉 길게 늘어선 나무들과 새들의 대화 소리 속에서 공원을 걸으니 새로운 느낌을 많이 받았다.

옥스퍼드

당신의 인생영화는 무엇인가?

애절한 사랑의 교과서라고 불리는 '타이타닉'?

참된 인생이 무엇인지 배울 수 있는 '죽은 시인의 사회'?

　나에게 인생영화가 무엇인지 물어본다면 단 0.1초의 망설임도 없이 '해리포터'라고 말할 것이다. 나의 나이 11살. 한창 까불거리기

옥스퍼드 대학교의 식당과 외부

길거리에서 버스킹을 하던 한 노인. 노래를 하지 않고 연주만 했지만 노랫소리가 들렸다. 힘 있는 목소리의 노래보다 따스한 선율의 연주가 주는 감동이 클 때 잠잠하게 빠져들던 순간을 경험했다.

좋아하고 온 동네를 헤집고 다닐 그 시절, '해리포터'가 나에게 찾아왔다. 그와 함께 보냈던 10년의 세월은 단순한 영화의 의미를 넘어 어린 시절 '최상민'이라는 퍼즐의 한 조각으로 남았다. 영국에는 해리포터 스튜디오를 비롯해 해리포터 시리즈에 등장하는 많은 장소들이 실제로 있다. 나는 영국에 머무는 동안 최대한 많이 그 장소에 가서 현장감을 느끼고 싶었다. 내가 영국에 두 달 동안 머무르게 된 계기는 바로 이 때문이었다, 아일랜드에서 다녀왔던 해리포터 촬영지를 제외하고, 영국에서의 해리포터 촬영지 탐사 첫 번째 동네가 '옥스퍼드'였다.

옥스퍼드에 있는 '크라이스트처치' 안에 있는, 호그와트 식당에 영감을 준 다이닝룸, 호그와트의 복도 계단 특유의 무거운 분위기는 마치 내가 영화 속에 들어와 있는 듯한 착각을 줄 만큼 똑같았다. 해리포터의 팬인 나로서는 계속되는 감탄을 멈추지 못하며 탐방을 했다. 그러나 옥스퍼드는 단지 해리포터 촬영지로만 보기엔 너무 아름다운 곳이었다. 우리가 흔히 알고 있는 '세계 10대 대학' 안에 드는 옥스퍼드 대학교를 중심으로 고풍스러운 멋을 풍기는 도서관, 길거리, 공원, 근처 상점들은 운치를 더했다. 상류층의 도시라고도 불리는 옥스퍼드는 '이게 영국이지' 하는 느낌을 주었다. 런던보다 오래된 건물들도 많고, 대도시가 가진 화려함이 아닌 소도시가 가진 전통을 자랑하는 듯했다.

글로스터

옥스퍼드는 해리포터 촬영지도 볼 겸 여행을 하기 위해 갔다면, 글로스터는 오로지 해리포터 촬영지만을 위해서 방문했다. 런던에서 가는 버스도 하루에 몇 개 없고, 시간도 왕복 6시간이 넘게 걸리

는 곳이었지만, 해리포터를 느낄 수 있는 곳이라면 아무래도 상관 없었다. 해리포터에 간간이 나오는 호그와트 기숙사 복도를 촬영한 '글로스터 대성당' 내부에 들어갔을 때 돋았던 소름은 아직까지도 내 팔에 남아있다. 사진으로는 다 담을 수 없을 정도로 웅장하고 신 비롭기까지 했던 성당은 정말이지 영국에서 본 건축물 중에 가장 인 상 깊었던 곳이었다.

브라이튼

영국 여행을 계획해본 사람이라면 한 번쯤은 들어본 곳, 한국인 들이 영국 근교 여행으로 제일 많이 가는 도시 '브라이튼'. 브라이튼 은 항구 도시임과 동시에 휴양지로 유명해서 현지인들도 휴가를 보 내기 위해 많이 찾는 도시이다. 특히 브라이튼에 있는 '세븐 시스터 즈'라는 해안 절벽을 보러 많이 간다. SNS를 통해 처음 세븐 시스터 즈의 사진을 보았을 때 '영국에서 소매치기를 당해 모든 걸 다 잃더 라도 저기는 꼭 간다!'라는 굳건한 다짐을 했다. 그만큼 세븐 시스터 즈가 선사하는 자연의 아름다움은 인상 깊었다.

세계 여행을 막 시작했을 때 주변에서 나에게 많이 물었다.

"혼자 여행하면 심심하지 않아?"
"많이 외로울 것 같아."

나의 대답은 항상 "아니! 혼자가 너무 좋은데!"였다. 여행을 시작 한 지 얼마 되지 않아서 그런 것일 수도 있었지만 혼자 다니는 게 같이 다니는 것보다 좋은 점이 더 많다고 생각했다. 의견조율에 힘쓸 필요 없고, 혼자 진득~허니 생각을 하며 나만의 시간을 가질 수 있고, 가고 싶음 가고, 쉬고 싶음 쉬고, 다양한 사람들과 만날 수 있는 기회도 더 많고, 무얼 하든 내 마음대로 할 수 있다는 것. 이런 점들 때문에 혼자 하는 여행을 선호했다. 그러다 보니 사진이나 동영상을 찍을 때 혼자 삼각대를 놓고 찍거나 주변에 지나가는 사람들에게 부탁하곤 했는데, 영 마음에 들지 않은 경우가 많았다. 그래서 정말 가보고 싶었고, 멋진 사진을 남기고 싶었던 세븐 시스터즈를 갈 때는 동행을 구해서 가기로 마음을 먹었다.

세븐 시스터즈는 4명 이상이 모이면 왕복 기차 티켓을 할인 받을 수 있었다. 그래서 유럽 여행의 대표 카페인 유랑에서 4명 이상의 동행을 구했고, 나를 포함한 총 5명이서 기차역에서 만나 세븐 시스터즈를 가게 되었다. 당시 28살 동갑내기 4명과 27살 동생 1명. 우리의 조합은 최고였다. 처음 만났지만 오래 알고 있는 사이인 것마냥

각자 가진 성향과 성격들이 잘 맞았다. 브라이튼을 둘러보는 내내 웃으며 재미있게 시간을 보냈던 기억밖엔 없다. 사실 그렇게 될 수 있었음은 성별, 나이, 인종, 언어를 초월하는 타고난 나의 리더십 때문이 아니었을까. (다들 동의해주길 기도하며…)

우리는 브라이튼 역에 내려서 시내를 좀 구경하고 한 시간가량 버스를 타고 세븐 시스터즈로 향했다. 산들산들 기분 좋은 바람이 불고, 춥지도 덥지도 않은 포근한 햇살, 드넓게 펼쳐진 초원과 그 위를 뛰노는 양들, 그리고 그 사이를 메꾸는 아기자기한 집들까지. 세븐 시스터즈로 가는 길은 평화 그 자체였다. 그렇게 30분 정도 걸었을까, 우리는 평화로운 마을을 지나 신세계에 도착했다. 절벽 위에 올라 탁 트인 바다를 보았을 때의 쾌감. 바다 위에 또 다른 바다가 있는 듯 맑디맑은 파란색의 하늘. 스푼으로 떠먹고 싶을 정도로 하얀 케이크를 연상케 하는 비주얼의 절벽. 삼박자로 이루어진 자연이 만들어낸 멋진 작품이었다. 우리는 멋진 장관을 벗 삼아 언덕 위에서 같이 점심을 먹고, 다이내믹한 사진을 찍으며 즐거운 시간을 보내었다. 머무를 줄 모르는 야속한 시간을 뒤로한 채 다시 런던으로 돌아왔고, '한국에서 다시 만나자!'라는 짧은 작별을 끝으로 각자 남은 일정으로 돌아갔다.

런던이 맺어준 재기발랄하고 티격태격 조용할 날 없는 우리의 모임은 지금 한국에서도 계속되고 있다.

런던에서 한 컷

한국에서 한 컷

쉬어가기 1,500원짜리 콜라

해가 화가 많이 난 듯 뜨거운 입김을 계속 불어대 무더운 날씨가 계속되던 어느 날, 런던의 길거리를 걷고 있었다. 런던 도심을 둘러보다가 더운 날씨에 지쳐버려 목을 축일 음료수를 살까 해서 마트로 들어갔다. 괜찮은 음료수가 있나 둘러보다가 1파운드짜리 콜라를 하나 발견하고는 냅다 집어 들었다. 그리고 카운터로 가려던 찰나, 갑자기 발걸음을 멈췄다. 1파운드. 한국 돈으로 1,500원. 한국에서는 어떠한 고민이나 소비에 대한 자책을 느끼지 않고 사버릴 그 1파운드짜리 콜라를 사야 되나 하는 생각이 들었다. 사실 1파운드를 써도 그리 큰 손해도, 지출도 아님에도 불구하고 나는 고민했다.

'가져온 물이나 마시지 무슨 음료수야… 에이, 뭐 이 정도는 괜찮잖아? 1,500원인데 뭘… 아니야, 이마저도 아껴야 나중에 여행을 잘 마무리할 수 있겠지?'

혼자 가만히 서서 깊은 고뇌에 빠졌다. 다른 사람이 보았을 때는 분명 엄청 큰 중대사에 대해 고민하는 사람으로 보였을 것이다. 하지만 실상은 1파운드짜리 콜라를 살 것인가 말 것인가에 대한 고민이었다. 머릿속에서 일어난 5분간의 피 터지는 사투 끝에 결국엔 콜라를 두고 밖으로 나와 다시 걷기 시작했다. 지지리도 궁상이었다. 이런 나의 모습은 참 처량하게도 느껴졌지만 피식 웃음이 나왔다.

'1,500원짜리 콜라 가지고 내가 이러고 있구나 ㅋㅋ 참 재밌네.'

장기 여행을 하는 지금 이 시기에만 할 수 있는 '경험'이라고 생각하니 재미있는 에피소드로 즐길 수 있었다.

런던의 타워브릿지

런던의 지하철역

비가 와도 괜찮아 스코틀랜드니까

·

　스코틀랜드는 영국과 꽤 가까운 나라였다. 영국 여행을 하다가 1박2일이나 2박3일 일정으로 스코틀랜드를 다녀오는 여행자들도 보곤 했다. 스코틀랜드는 오락가락하는 날씨로 악명이 자자한 런던보다도 지독히 변덕스러운 날씨로 유명하다. 다행히 내가 여행을 할 때는 비교적 날씨가 맑고 괜찮았지만, 갑자기 비가 오고 어두컴컴해진 적도 있었다. 여행을 할 때 비가 오고 날씨가 흐리면 돌아다니기에 불편하고 경치가 별로인 경우가 많다. 그런데 오히려 스코틀랜드는 그런 날씨에서 둘러보는 매력과 멋이 있었다. 나중에는 제발 비가 내렸으면 좋겠다고 생각했을 정도. 여행을 하며 많은 나라를 다

넜지만 유일하게 비와 어울리는 나라라고 생각했던 곳이 스코틀랜
드였다.

스코틀랜드의 전체적인 느낌은 고풍스러웠다. 신식 건물들 사이
에 오랜 시간이 지났음을 몸소 설명해주는, 색이 바랜 100년이 넘은
건물들이 즐비해 있었다. 부조화를 이룰 것만 같은 신식 건물과 구
식 건물들의 조합은 조화로웠다. 특히나 어두운 톤의 오래된 건물들
이 풍기는 이미지는 런던에서의 느낌보다 훨씬 무겁고 세련되었다.

스코틀랜드에는 해리포터의 저자인 조앤 K 롤링이 처음 해리포
터를 쓰기 시작했던 앨리펀트 하우스라는 카페와 해리포터에 나오
는 톰 리들의 무덤 모티브가 된 '그레이프 라이어스 커크야드'라는
묘지가 유명하다. '그레이프 라이어스 커크야드'는 말 그대로 실제

무덤이지만 관광지로도 유명한 아이러니한 장소이다. 그래서 그런지 대낮에 많은 사람들이 있음에도 불구하고 왠지 모를 으슥함이 느껴지기도 했고, 한국식 무덤과는 완전히 다른 형태의 무덤이라 새롭고 신기하기도 했다.

당시 여행을 하면서 단 한 번도 '투어'라는 것을 해 본 적이 없었다. 비용도 비용이고, 교통이 잘 갖추어져 있는 유럽에서는 내가 조금만 부지런하게 움직이면 다 다녀볼 수 있고, 여행지의 정보 또한 쉽게 찾아볼 수 있다는 것이 그 이유였다. 하지만 스코틀랜드에 온 이상 이 투어를 안 하고 가면 아무 의미가 없다는 사촌형의 강력한 권유로 '하이랜드 투어'를 하게 되었다.

하이랜드는 스코틀랜드 북쪽 고산 지대를 말하는데 1일부터 7일까지 다양한 투어 코스가 있다. 나는 하루 만에 중요한 포인트들만 찍고 오는 일일투어를 다녀왔다. 역시 여행객들은 현지인들의 말을 들으면 좋다. 하이랜드 투어는 만족스러웠다. 특히 버스가 거대하다는 표현도 무색할 만큼 큰 돌산 사이를 지나갈 때, 자연의 위대함에 압도당하던 느낌은 아직도 생생하다. 꼭 가보고 싶었지만 여러 사정으로 인해 결국엔 가지 못하고 사진으로만 여행을 다녀온 '아이슬란드'에 와있는 느낌을 주었다. 그리고 우리가 알고 있는 '네스호의 괴물'의 배경인 실제 '네스호'도 볼 수 있었다. 유람선을 타고 네스호를 지나오는 일정도 있었는데, 고요한 정적이 흐르는 호수 위를 지나가는 그 느낌은 묘했다. 시끄러운 모터 소리를 내며 위풍당당 유

그레이프 라이어스 커크야드

람하는 배 바로 밑에서는, 전설의 그 괴물이 유유히 헤엄쳐 따라 오고 있을 것만 같다는 상상을 하니 내 몸에 있는 닭살이라는 닭살은 모조리 다 올라와버렸다.

스코틀랜드를 가게 된 가장 큰 이유는, 오랜 시간 동안 스코틀랜드에서 박사 공부를 한 사촌형과 그 가족들을 보기 위함이었다.

오랜만에 본 사촌형의 가족들은 무척 반가웠다. 외국에 있어서 자주 보지도 못하는데 이렇게 좋은 기회가 되어 볼 수 있다니 기뻤다. 외동아들로 자란 나는 사실 '형제의 부재'에 대해 한 번도 느껴본 적이 없었다. 싸울 필요 없이, 공유할 필요 없이, 혼자 좋은 것을 다 차지 할 수 있었고, 심심하다 싶으면 나가서 친구들과 놀면 되었기에 '외로움'을 느껴보지도 않았다. 하지만 나이가 들수록 남자건 여자건 상관없이 '형제가 있으면 좋겠다'라는 생각이 많이 든다. 사람은 나이를 먹을수록 책임져야 할 부분이 많아지고, 자연스레 책임감이라는 가볍고도 무거운 짐을 지게 된다. 그 짐을 나눠지고, 같이 고민하고, 서로 의지하며 힘이 되어주는 '형제'의 힘은 강력한 것 같다. 물질적인 도움, 정신적인 도움을 떠나서 그냥 '존재 자체'만으로도 위안이 되고 힘이 되는, 가족이라는 울타리가 주는 안정감. 이런 나의 생각을 사촌형과 나누었는데, 형이 해준 한마디가 어떠한 백 마디보다도 훨씬 큰 위안이 되었다.

"그런 형제가 여기 있잖아."

그래, 사촌도 형제인데. 일촌의 형제로만 국한했던 내가 조금 민망해졌다. 친가의 막내삼촌은 20살부터 미국에서 살기 시작했기 때문에 밑에서 두 번째인 우리 아버지가 한국에서는 막내 역할을 했다. 그래서 어릴 때부터 나이 차이가 많이 나는 사촌 형, 누나들이 나를 업어 키웠다는 것도 알고 있는데, 왜 내가 생각하는 '형제'의 의미로서는 생각을 못했던 걸까. 아이러니 했지만 형제가 있음에 다시 한 번 감사함을 느낄 수 있었다. 그와 더불어 '삼촌'이 된 기분도 정말 묘했다.

형에게는 사랑스러운 딸, 아들이 있다. 은유와 은성이. 고작 두 번밖에 보지 않았지만 나에게 '조카'가 있다는 사실은 내가 이제는 정말 '어른'이 되었다는 것을 일깨워줌과 동시에 큰 기쁨이 되었다. 짧은 시간이었지만 조카들과 같이 그림도 그리고 인형놀이도 하며 보냈던 시간들이 참 좋았다. 오랜만에 대화도 하고 같이 게임도 하며 즐겁게 시간을 보내준 형, 항상 친근하게 먼저 다가와주시고 하나부터 열까지 다정하게 챙겨주셨던 형수님과의 기분 좋았던 추억을 한가득 안고 다시 여행을 시작했다.

쉬어가도 돼

•

나는 벨기에 브뤼셀에 2박을 머무는 동안 줄리엔이라는 친구 집에서 카우치 서핑을 했다.

줄리엔은 정말 순수하고 착한 친구였다. 내가 브뤼셀에 도착했을 때는 오전 출근 시간이었다. 줄리엔의 집에 도착해서 안내를 받으면 줄리엔은 직장에 늦을 수밖에 없는 스케줄이었다. 그럼에도 불구하고 줄리엔은 출근 시간을 미루면서까지 나를 기다려주었다. 덕분에 나는 편하게 안내를 받을 수 있었다. 줄리엔은 악수가 아닌 엉거주춤 어설픈 포옹으로 나를 반겨주었다. 서투르고 어색하기만 하던 그 포옹은 이상하게도 나의 기분을 좋아지게 했다. 줄리엔은 집 이곳저곳을 소개해주었고, 아침을 못 먹었을 거라며 바나나와 시리얼을 챙겨주었다. 먹고 좀 쉬다가 시내를 둘러보고 오라며 친절하게 나를 대해준 줄리엔 덕분에 나는 아침도 든든하게 먹고 집에서 편히 쉬다가 오후에 시내를 둘러볼 수 있었다.

개인적으로 벨기에는 지극히 평범하고, 생동감이 없고, 조용한 나라였다. 여행 중 '여길 왜 왔을까?' 하는 생각이 든 유일한 나라. 벨기에에서는 수도인 브뤼셀에만 있었다. 보통 한 나라의 수도는 다양한 볼거리가 많은 곳이다. 그러나 브뤼셀에서는 벨기에만의 특색이나 눈을 사로잡을 만한 어떤 특별한 것들이 많이 없었다. 지루했고 빨리 떠나고 싶었다. 그러다 문득 생각이 들었다.

'재미가 없고 지루하면 어때? 나는 지금 새로운 곳을 탐험하고 있어. 그렇게 바라던 세계 여행을 하면서 말이야!'

여행을 하면서 내 발길이 닿는 모든 곳은 특별하고 재미있어야 한다는 압박 혹은 욕심이 나에게 있었던 것이다. 어쩌면 그런 생각이 드는 것은 당연하다.

'돈을 쓰고 시간을 내어서 왔는데 당연히 재미가 있어야 남는 게 아닌가?'

그도 틀린 말은 아니지만 개인적으로 애초에 내가 생각하고 계획했던 여행의 콘셉트에는 반하는 생각이었다. 좋으면 좋은 대로 지루하면 지루한 대로 여행 그 자체를 즐기는 것이 내가 바라던 여행이었다.

'그래, 지금껏 계속 여행을 하며 달려왔으니 단 며칠이라도 쉬어가는 나라라고 생각하자.'

그리고 나니 조급하고 답답하던 마음이 사라지기 시작했다. 지루함을 즐기기 시작한 것이었다. 벨기에에 머무는 2박3일 동안 하루는

벨기에 와플. 벨기에에 가면 꼭 먹어봐야 하는 음식 중 하나가 와플이다. 먹어 본 결과, 미친 듯이 맛있지는 않았다.

집에서 떵가떵가 놀았다. 들고만 다녀 칠 기회가 많이 없었던 기타도 오랜만에 꺼내어 치고, 점심을 만들어 먹고, 영화도 보고, 낮잠도 잤다. 여행을 하다 보면 '쉼'과 '여유'도 필요하다는 것을. 아니 필수라는 것을 여실히 깨달을 수 있었다.

저녁이 되어 줄리엔과 같이 저녁을 먹으며 많은 이야기를 나누었다. 벨기에 사람들의 교육, 일에 대한 생각, 문화 등 다양한 주제를 놓고 대화를 하며 서로의 생각들을 나누다 보니 벨기에라는 나라를 피부로 느낄 수 있었다.

알고 보니 줄리엔은 나처럼 영화광이었다. 특히나 한국 영화도 꽤나 많이 본 친구였는데, '올드보이'를 제일 좋아한다고 했다. 나는 개인적으로 생각하는 한국 영화 중 최고로 꼽는 '곡성'을 추천해 같이 영화를 보았다. 줄리엔에게는 확실히 예술 감각이 있어서 그런지 '곡성'은 한국의 토속적인 색깔이 진한 영화임에도 불구하고 탁월한 이해력을 가지고 있었다. 우리는 밤새 그렇게 영화 이야기에 빠져 시간 가는 줄 모르고 떠들었다.

'여행'과 '관광'은 같은 듯 다른 의미를 지니고 있다. 새롭고 멋진 곳을 둘러보고, 맛있는 음식을 먹어보고, 그곳에서 잊지 못할 추억을 남기는 것. 너무도 중요하고 멋진 여행의 한 부분이다. 하지만 거기에 그치는 '관광'이 되지 않고, 현지의 분위기에 녹아들어 삶을 바라보며 사람들의 생각과 가치관을 느끼는 것. 그 과정을 통해 더 넓고 따뜻한 사람이 되는 '여행'.

나는 오랜만에 줄리엔과 함께 그런 여행의 시간을 보내었다. 다시 한 번 여행을 하는 개인적인 명분과 의미를 곰곰이 생각해 볼 수 있는 좋은 시간이었다.

호스트였던 줄리엔. 나는 카우치 서핑을 할 때마다 호스트들에게 한국에서만 구할 수 있는 열쇠고리와 작은 카드 지갑을 주었다. 이렇듯 크진 않지만 의미가 있는 선물들로 답례를 한다면 추억에 더 많이 남는 카우치 서핑이 될 것이다.

반갑다 친구야

●

교육, 정치, 복지 등 다양한 분야에서 모든 나라에 본보기가 되고 있는 독일에 입성했다. 내가 유럽에 있으면서 국적 불문, 여행을 좋아하는 사람들에게 들었던 독일의 이미지는 굉장히 좋았다. 다른 유럽에 비해 훨씬 안전하고 사람들이 친절하다는 이야기를 많이 들어서 더더욱 독일 여행에 대한 안도감이 들었다. 특히 독일에는 호주와 한국에서 만났던 친구들이 유독 많은 나라였다. 그들과 오랜만에 조우할 생각을 하니까 여행하기 전 설렘이 컸다.

첫 독일 여행의 시작은 독일의 수도 '베를린'. 베를린에서는 나의 오랜 친구인 '안나'의 집에서 머물렀다. 안나는 독일인 아버지와 한국인 어머니 사이에서 태어났다. 어릴 때부터 안나의 가족은 아버지의 직업 특성상 나라 간, 도시 간 잦은 이동이 많아 그 이유로 북한 평양에서도 몇 년을 살았다고 했다.

안나는 4년 전 다니던 교회에서 진행한 '위두윅'이라는 국토기도 대장정에서 만났다. 사실 그때 한 달 정도 보고는 나도 일이 바쁘고 안나도 독일로 돌아가서 그 후로는 연락을 못했다. 그렇게 오랜 시간이 흘러 독일 여행을 준비하는데 문득 안나가 생각이 났다. 연락을 안 한지 벌써 4년의 세월이 지나 연락하기 주저할 법도 한데, 나는 1

초의 망설임 없이 바로 페이스북을 통해 안나에게 전화를 걸었다.

안나와 함께

"안나! 오랜만이야!"
(참고로 안나는 한국어, 독일어, 영어는 현지인 뺨을 치고도 남는 수준이다.)

"오 마이 갓!! 오빠!! 잘 지냈어요?"

"잘 지냈지!!! 너도 잘 지내지?"

"그럼요! 독일에서 열심히 공부하고 있어요!"

"사실 내가 이번에 독일로 여행을 가거든! 그래서 볼 수 있으면 한 번 볼까 해서!"

"물론이죠!"

우리의 통화는 1초의 머뭇거림이나 정적 없이 30분 동안 이어졌다. 시간을 내어서 꼭 한 번은 만나자는 약속을 하고 나서 혹시나 안나의 남사친이나 아는 사람 중에 카우치 서핑 호스트가 있는지 물어보았다. 안나는 기꺼이 주변에 한 번 알아봐준다고 했다. 그리고 며칠 뒤 안나에게 연락이 왔다.

"주변에 알아봤는데, 아쉽게도 카우치서핑 호스트나 방을 제공해줄 수 있는 분들이 없어요. 대신에 살짝 외진 곳에 있긴 하지만 우리집에 빈 방도 있고, 같이 사는 동생도 아주 쿨하게 허락했어요! 오빠만 괜찮으면 우리집에 머물러도 돼요!"

안나 혼자 사는 집이라면 부담스러웠겠지만 동생과 함께 있다고 하니 괜찮다는 생각이 들었다. 고맙다는 인사와 함께 우리는 베를린에서 보기로 했다. 그렇게 우리는 베를린 버스 터미널에서 4년 만에 만나게 되었다. 마치 어제 본 친구처럼 반갑게 인사를 했고, 안나의 집으로 가기 위해 트램을 타러 갔는데, 거기서 독일에서의 첫 컬쳐 쇼크를 받게 되었다.

독일에서는 대중교통을 탈 때 제대로 카드나 표를 검사하지 않았다. 한국이나 미국, 영국 등 다른 나라에는 보통 지하철이나 트램을 타기 전에 카드를 찍는 개찰구가 있다. 그래서 카드나 티켓이 없으면 안으로 들어가기가 힘들다. 하지만 독일에는 그런 개찰구가 없었다. 그냥 티켓을 들고 다니다가 작은 기계를 들고 다니는 티켓 검사원이 오면 티켓을 보여주는 형식이었다. 버스를 탈 때는 보통 티켓이나 카드를 그냥 보여만 주고 타는데, 기사아저씨가 유효 날짜나 상세 정보를 검사하지도 않았다. 마음만 먹으면 무임승차도 밥 먹듯이 할 수 있을 정도로(아, 물론 내가 그랬다는 건 아니다…) 내 기준에선 '허술한' 제도였다.

왜 독일은 이런 식으로 하는지 안나에게 물어보았다. 안나는 '뭘 그런 걸 물어보냐'라는 표정으로 당연한 듯이 대답했다.

"양심에 맡기는 거죠!"

무엇인가에 세게 받힌 듯한 충격이 강하게 내 머리를 강타했다.
'그래, 양심⋯!'
현대 사회에서 '양심'이라는 것을 지키고 고수해 나가는 것이 어려울 때가 참 많다. 우리가 선이라고 믿는 것이 아닌 악을 선택했을 때 우리에게 도움이 되는 것들이 더 많은 사회이기 때문이다. 오랜만에 '양심'이라는 말을 들으니 기분이 묘하면서도 다시 한 번 정신을 번쩍 차릴 수 있었다. 물론 개중에는 이를 악용해서 무임으로 다니는 사람들도 많을 것이다. 나 또한 그런 사람들을 몇 번 보기도 했고. 그래도 어떠한 검사와 단속 때문이 아닌 기본 도덕성을 신뢰하고 그렇게 살아가는 독일 사람들의 모습이 멋지게 느껴졌다.

다른 나라의 도시들은 저마다 특색을 가지고 있었는데, 베를린은 다른 유럽의 도시에 비해 평범한 색깔을 지닌 도시였다.
도심 곳곳에 독일을 상징하는 장소가 있긴 했다. 그러나 도심에는 회사 같은 큰 건물들이 많아서 한국의 여의도 같은 느낌을 많이 받았다. 독일인보다 외국인이 더 많이 거주한다는 베를린에 대한 정보가 어느 정도 납득이 갔다.

드레스덴은 개인적으로 독일에서 가장 마음에 들었던 도시였다. 오랜 역사가 깃든 도시라서 그런지 고전적인 분위기가 인상 깊었고,

베를린의 홀로코스트

잔존하는 건물들과 길거리에서는 힙하고 세련된 느낌을 많이 받았다. 다른 대도시들에 비해 작은 도시이긴 하지만 팥이 꽉꽉 찬 붕어빵처럼 아주 알찬 느낌이었다. 관광을 하기엔 풍족한 도시임은 분명했다. 왜 독일 도시 중 드레스덴이 인기가 많은지, 왜 체코 여행을 하는 사람들에게 당일치기나 1박2일로 여행하기에 좋은 도시로 정평이 나있는지 알 수 있었다. (체코 '프라하'에서 독일의 '드레스덴'까지는 기차로 2시간 정도 소요된다.)

나에게 드레스덴이 개인적으로 더 좋았던 이유는 한국을 사랑하는 쌍둥이 자매 알렉스와 나탈리가 살고 있었기 때문이었다. 호주에 있는 딸기 농장에 있을 때 이 친구들을 처음 만났다. 독일에서 고등학교를 졸업하고 공부에 너무 지쳤던 자매는, 바로 대학교에 입학하는 것을 미루고 1년 정도를 호주에서 워킹 홀리데이를 보내고자 온 것이었다. (여담이지만 호주 워킹 홀리데이를 하다 보면 다른 유럽보다 독일에서 온 친구들을 정말 많이 본다.) 이 친구들은 호주에 도착하자마자 농장 일을 시작했고, 그곳에서 한국인 친구들을 만나 노래는 자이언티의 '노메이크업', 드라마는 '태양의 후예'로 처음 K-pop과 K-drama를 접했다. 그 후로 완전히 한국 노래와 드라마 등 전반적인 한국의 문화에 빠져버린 친구들이었다. 심지어 나보다 노래와 드라마를 많이 알고 보았을 정도였다. 세계 여행을 계획하고 있던 나도 독일에 관심이 많이 있었고, 서로 각자의 나라에 대해 이야기를 하며 농장에서 아주 가깝게 지낸 친구들이었다. 내가 농장 일을 마무리하고 울룰루로 넘어갈 때, 세계 여행을 할 때, 독일에 들러서 꼭 다시 보자고 했는데, 그러고부터 벌써 1년이 지나 있었다. 여행을 하면서 페이스북에 내 근황을 올릴 때마다 언제 독일로 오냐고 다그치듯 물어보던 슐츠 자매(슐츠가 성이다)에게 독일로 간다고 연락을 했다.

슐츠 자매와!

"안녕! 다들 잘 지내지? 좋은 소식이 있어!"
"안젤로! 뭐야 좋은 소식이?"
"나 드디어 독일로 간다!"
"오!!! 드디어 오는구나!"

이산가족 상봉하듯 호들갑스럽게 반응하던 리액션은 이미 드레
스덴에 도착해서 만난 것마냥 반가웠다. 자기들이 알아서 맞이해줄
테니 나는 몸만 와서 잘 먹고, 잘 놀다만 가면 된다고 아무 걱정 없
이 오라고 했다. 어찌나 든든하던지. 그로부터 며칠 뒤 드레스덴에
도착했다. 내가 도착하기 한참 전부터 버스정류장으로 와서 기다리
고 있던 슐츠 자매와 나는 소리를 지르며 조우했다. 어찌나 호들갑
스럽게 인사를 했는지 주변 사람들이 다 쳐다볼 정도였다. 우리는
이내 진정하고 슐츠 자매의 친구인 '코니'네 집으로 향했다.
코니는 원래 카우치 서핑을 하는 호스트였다. 마침 알렉스가 나

슐츠 자매와 친구들에게 볶음밥을 만들어 주었다. 한국 소주를 좋아하는 슐츠 자매는 언제 사놨는지 자몽맛 소주를 꺼내왔다.

한국어를 열심히 공부하고 있는 슐츠자매. 코피는 마시는게 아니란다.

'안녕하세요'를 적으라고 했는데 저렇게 적었다.ㅋㅋㅋㅋㅋ

에 대한 이야기를 해주었고, 흔쾌히 방을 내주기로 해서 나는 코니네 집에서 쭉 머물 수 있었다. 집에 도착해서 짐을 풀고, 좀 쉬다가 드레스덴 야경을 보러나갔다. 야경은 너무 아름다웠다. 은은한 가로등 빛이 비추는 거리와 오래된 교회, 건물들에서 드레스덴 특유의 분위기가 느껴졌다. 거리를 거니는 사람들도, 버스킹을 하는 예술가들은 마치 영화 속 한 장면을 보는 듯했다. 슐츠 자매는 내가 도착하기 몇 주 전부터 머무는 동안 지낼 곳, 먹을 것, 가보면 좋을 곳들도 미리 다 알아봐주었다.

하루는 알렉스의 차로 '마이센'이라는 드레스덴의 근교 동네에 다녀왔다. 조용하고 아담한 멋이 있는 '마이센'은 매력 있는 동네였다. 그렇게 시간은 흘러 어느 새 5일이 지나있었다. 나는 그해 겨울에 체코를 여행할 계획이 있었다.(당시 드레스덴에 있을 때는 6월이었다.) 체코에 올 때 반드시 드레스덴에 다시 한 번 들르겠다고 약속하고 다음 도시로 발걸음을 옮겼다.

'리히테나우'

이 도시를 들어본 적이 있는가? 나에게는 생전 처음 들어보는 이름의 도시였다. 평범해서 여행객들이 거의 방문하지 않고, 어쩌면 지루하기까지 할 수 있는 '리히테나우'. 그 도시가 드레스덴에서의 여행을 마무리하고 내가 가야할 독일에서의 다음 목적지였다. 이름도, 정보도 잘 모르는 이 도시를 방문한 이유는 '로빈'을 만나기 위해서였다.

독일에서 다시 만난 로빈과 함께

때는 2017년 3월, 꽃샘추위가 기승하는 한국과는 반대의 계절을 자랑하는 호주의 무더운 여름이었다. 어학원 친구들과 '골드코스트'라는 서핑의 메카인 도시로 서핑을 하기 위해 버스를 타고 이동하고 있었다. 칠레에서 온 남자 친구들과 군대 이야기 다음으로 끝이 없다는 '축구'에 대해 이야기하고 있었다. 좋아하는 선수들이 누군지, 내년 월드컵은 어떨지, 곧 있을 친선 경기에서 어떤 나라가 이길지 신나게 이야기를 하고 있는데, 갑자기 몸 좋은 금발의 남자가 우리에게 말을 걸었다.

"오! 너희 축구 좋아하나 보네? 나도 엄청 좋아해."

이야기를 잠자코 듣고 있다가 생전 처음 보는 사람들에게 거리낌 없이 말을 붙이는 것. 이것은 진정한 '인싸'들만이 뿜어낼 수 있다는 친화력 아닌가! 그렇게 우리는 대화를 시작하게 되었고, 혼자 서핑을 하러온 로빈은 우리 무리와 함께 서핑도 하고 점심도 같이 먹게 되었다. '로빈'도 슐츠 자매처럼 고등학교를 졸업하고 대학교를 들어가기 전 1년 정도를 여행하며 쉬고 싶다고 호주에 워킹 홀리데이로 온 것이었다.

로빈은 나와 공통점이 참 많았다. 데미페어를 하고, 영화를 좋아하고, 운동을 좋아하고, 사진 찍고 찍히는 것을 좋아하고, 비범하고도 이상한 행동들을 통해 쾌감을 얻는 부분까지, 우리는 마치 자웅동체 같았다. 그리고 한국의 대표적인 무예인 '태권도'를 어릴 때부터 배워 '예의'를 잘 알고 배려가 깊은 친구였다. 이렇게 잘 맞는 친구다 보니 우리는 매 주말마다 만나서 같이 여행도 하고 놀곤 했다.

그리고 1년 뒤, 로빈을 다시 독일에서 보게 된 것이다. 기껏해야 두 달밖에 안 본 친구였는데 기차역으로 마중을 나온 로빈을 보고는, 나보다도 나를 잘 안다는 동네 친구를 보는 것처럼 너무 반가워 서로 부둥켜안고 반가움을 거침없이 표현했다. 로빈의 차를 타고 우리는 그동안 못다 한 이야기를 열 보따리는 풀면서 로빈의 집으로

로빈의 친구들과 함께 페인트볼을 했다.

로빈의 집 마당에서 탁구를 치는
부모님과 로빈과 로빈 누나

사랑스러운 로빈의 가족들

향했다. 로빈의 누나가 베를린에 살고 있어서 현재 로빈의 집에는
누나의 방이 비어있었다. 감사하게도 내가 그 방을 쓰면서 리히테나
우에 머물 수 있었다.

독일에서 오랜만에 만난 로빈은 내가 호주에서 알던 로빈보다 더
다재다능해져 있었다. 원래 영화감독을 진로로도 생각했던 로빈은
영상 구성이나 편집에 굉장히 능했다. 이번에 본인이 만든 영상을
보여주었는데, 취미로 하는 사람치고는 높은 퀄리티의 완성도 높은
영상이어서 깜짝 놀랐다. 관종인 나와 로빈은 호주에서 그랬듯 카메
라 하나를 들고 집 앞 공원에 나가 우리만의 재밌는 영상을 찍으며
놀았다. 또 로빈은 음악을 좋아해서 혼자 작사, 작곡, 편곡까지 해서
본인의 유튜브 채널을 만들어 업로드도 하고 있었다. 집에 녹음할

수 있는 장비가 다 있어서 로빈의 권유로 인해 나도 '녹음실에서 녹음하는 가수'의 느낌으로 노래 몇 곡을 직접 부르고, 녹음한 노래를 음원으로 만드는 아주 진귀한 경험도 했다. 가보고 싶은 곳이 있다든지, 먹어보고 싶은 것이 있다든지 이렇다 할 목적 없이, 단순히 로빈을 보러온 것이었기 때문에 5일 동안 지내면서 집처럼 편하게 놀고, 먹고, 쉬어가는 충전의 시간을 가질 수 있었다.

로빈의 집에서 '내 집처럼' 편하게 있을 수 있었던 이유는 로빈 부모님의 배려 덕분이었다. 하루는 로빈이 학교를 간다고 집을 비웠고, 나는 집에서 쉬고 있었다. 집에 머물며 편하게 쉴 수 있게 해주신 것이 너무 감사해서 요리를 대접하고 싶었다. 1층 테라스에 앉아서 책을 읽으시던 로빈의 아버님에게 요리 재료를 사기 위해 장을 볼 마트 위치를 여쭈었다. 구두(口頭)로든 핸드폰으로든 충분히 설명해주실 수 있었음에도 불구하고 읽던 책을 내팽개치시고는 직접 알려주시겠다고 같이 자전거를 타고 마트까지 가주신 아버님. 본인이 영어를 못해서 나를 불편하게 만드는 것 같다고 미안하다고 하시던 어머님. 사실 독일에 와서 내가 독일어를 하는 게 맞고, 영어만 쓰는 게 오히려 죄송해야 할 상황인데도 먼저 나를 생각하고 배려해주신 따뜻한 마음에 무척 감사했다. 그 외에도 밥 먹을 때든 잠시 방에서 쉬고 있을 때든 내가 불편해하지 않을 선에서 계속 찾아와서 필요한 건 없는지 나의 편의를 신경써주시던 일 등 로빈 부모님의 친절함과 배려는 나로 하여금 연신 감탄과 감동을 연발하게 했다.

독일에서 인생 최대의 고비를 맞이하다

●

　2018년 6월. 전 세계인을 하나로 만드는 대표적인 축제인 월드컵이 러시아에서 개최되었다. 평소 축구 팬인 나는 해외에서 월드컵을 본다는 사실에 감개무량할 수밖에 없었다. 여행 시기와 월드컵 시기가 맞지 않으면 하고 싶어도 할 수 없는, 4년마다 찾아오는 특별한 경험을 할 수 있다는 것은 정말이지 축복이었다.

　대한민국과 스웨덴의 경기가 열리는 날, 나는 베를린에 있었다. 혼자 하는 여행이 편하고 좋을 때였지만 월드컵만큼은 혼자 경기를 보며 응원하고 싶지는 않았다. 민족의 얼과 정서를 공유할 수 있는 한국인들과 함께 경기를 보며 월드컵을 즐기고 싶은 생각이 들었다. SNS를 통해 베를린에서 한국인들끼리 모여 경기를 볼 그룹이 있는지 찾아보았다. 그러던 중 대한민국 대표 여행 콘텐츠 회사인 '여행에 미치다'의 한 크루가 베를린에서 같이 축구를 볼 사람들을 모집했다. 거주자들도 좋겠지만 여행자들과 함께 타국에서 우리나라를 응원하는 일은 더 의미 있고 재미있을 것 같았다.

　흥미로웠던 것은 대한민국과 스웨덴의 경기를 베를린에 있는 스웨덴 펍에서 본다는 것이었다. 적진의 한복판에 들어가서 우리나라의 승리를 위해 응원하는 것. 이 얼마나 도전적이고 짜릿한 경험인가! 설레는 마음을 안고 펍으로 갔다. 오랜만에 한국인들을 만나니 반가웠다. 우리는 짧은 담소를 나누고는 본격적인 응원에 돌입했다. 경기가 시작되고 시간이 갈수록 생각보다 꽤 많은 한국인들이 모여들었고, 우리는 펍과 동네가 무너질 것처럼 고래고래 소리를 지르며 응원했다. 마치 한국에 있는 것마냥 분위기는 광화문에 모인 몇천 명의 열기보다 더 뜨거웠고, 몇천 명의 목소리보다 더 컸다.

그러나 우리의 기가 러시아까지 전달이 안 된 탓일까. 우리나라는 아쉽게도 0 대 1로 패배하고 말았다. 그리고 6일 뒤, 대한민국 대 멕시코전이 있었다. 그날은 안타깝게도 나는 드레스덴에서 지낼 예정이었다. 너무 재미있게 같이 응원했던 터라 멕시코전은 같이 응원을 못한다고 생각하니 나도 아쉽고 같이 응원한 친구들도 아쉬워했다. 그래서 나는 멕시코전 경기 당일 드레스덴에서 버스를 타고 당일치기로 베를린으로 와서 이들과 같이 또 멕시코전 응원을 했다. 지금 생각해보면 참 대단한 결심이었다. 1파운드짜리 콜라 하나도 살까 말까 고민하다가 안 샀던 나인데 축구 경기 하나 같이 재미있게 보겠다고 왕복 50유로나 되는 티켓을 끊어서 다녀오다니. 그렇지만 역시나 아깝지 않은 선택이었다. 우리는 저번처럼 아주 신나고 즐겁게 응원을 했고, 그렇게 기다리던 골 맛도 볼 수 있었다. 드레스덴에서 베를린까지 온 나의 열정이 손흥민의 골에 아주 막대한 영향을 미쳤으리라. 환상적인 대한민국의 골에도 불구하고 또 우리나라는 아쉽게 1 대 2로 패배했다.

그리고 대망의 독일전. 월드컵 역사의 한 획을 그었다고 해도 과언이 아닐, 대한민국에게 아주 역사적인 경기였다. 랭킹 57위인 나라가 전 월드컵 우승국이자 랭킹 1위인 독일을 1 대 0도 아닌 2 대 0으로 이기다니. 그 역사적인 순간 한가운데 '한 남자'가 있었다. 그는 세계 여행을 하고 있었고, 다행인지 불행인지 독일에서 대한민국 대 독일의 마지막 조별 예선 경기를 볼 수 있었다. 한국에 있었다면 이 기적 같은 승리에 대해 차고 넘치는 기쁨의 함성을 마음껏 내질렀을 '그 남자'는 경기가 끝난 후 어떠한 반응도, 기쁨도 표출하지 못하고 얼굴을 가린 채 묵묵히 군중 속을 빠져나와야 했다.

나는 마지막 독일전이 열리는 날에는 리히테나우에 있었다. 축구를 좋아하는 로빈과 함께 같이 축구를 보기로 했다. 유럽인들은 자국의 축구에 대한 프라이드가 엄청나다. 그도 그럴 것이 세계 최고의 나라, 클럽 팀들이 유럽에 많기 때문이다. 독일은 그런 나라 중에서도 세계가 인정한 피파 랭킹 1위인 나라이기 때문에 독일인들은 자랑스러워하지 않을 수가 없다.

그러나 로빈은 달랐다. 로빈은 한국이 이겼으면 좋겠다고 했다. 이유를 물으니 지금 독일의 축구 스타일이 별로라서 본인은 현재 독일 팀을 별로 안 좋아한다고 했다. 처음에는 내가 옆에 있으니 배려해주는 말이겠거니 했는데, 진심으로 한국이 이기기를 바라고 있었다.

로빈은 둘이 집에서 경기를 보기엔 좀 심심하니 집 근처에 있는 작은 홀(한국으로 치면 마을회관)에 가서 경기를 같이 보자고 했다. 만약 우리나라가 이길 가능성이 있다면 이겼을 때 곤란해질 수가 있어서 갈지 말지에 대해 고민을 했을 것이다. 하지만 솔직히 말해서 한국이 이길 거라고는 1%도 상상을 못했기에, 재밌게 즐기고 오자는 마음으로 흔쾌히 승낙을 했다. 분명 '작은 홀'이라고 했는데 막상 가보니 학교 강당만한 크기의 홀이었다. 안으로 들어가니 족히 200석은 넘는 의자들이 다닥다닥 깔려있었다. 영화관을 연상케 하는 엄청나게 큰 흰색 스크린에서 경기 전 선수들이 몸을 푸는 모습들이 보이고 있었다. 강당 뒤쪽에서는 북을 치며 응원하는 사람들, 독일 유니폼을 입고 맥주 한 잔을 들고 앉아서 경기를 기다리는 사람들이 있었다.

그러다 조금 이상한 낌새를 차렸다. 관광객들이 거의 없는 '리히테나우'의 홀에는 역시나 한국인은커녕 아시아인들이 단 한 명도 없었다. 여행을 하다 보면 어딜 가나 아시아인들을 최소 한 명은 꼭 보지만 그곳에는 없었다.

나와 로빈은 경기를 보기에 적당한 곳에 자리를 잡았다. 시간이 지나 경기가 시작되었다. 그렇게 10분, 20분, 시간은 흘러 전반전이 끝이 났다. 생각보다 선전하는 대한민국에 나도 놀라고 독일 사람들도 많이 놀란 듯했다.

"한국 엄청 잘하네! 독일 이길 수 있겠는데?" 로빈이 말했다.

"그러게? 우리나라가 이기겠어! 허허허"

그땐 몰랐다. 혹시나 기대하는 마음 반, 설마 하는 마음 반으로 던진 시답잖은 말이 현실이 될 줄은.

당시 우리나라도, 독일도 16강에 올라가려면 무조건 이겨야 하는 상황이었기 때문에 후반전은 더 치열하게 펼쳐졌다. 들어갈 듯 말 듯 안 터지는 골에 서로 아쉬워하며 마음 졸이던 후반 93분. 김영권 선수의 골이 터졌다. 그 골과 동시에 홀 안은 쥐 죽은 듯이 조용해졌다. 갑분싸의 정석을 보여주는 순간이었다.

'와!'

나도 모르게 외마디 단어가 튀어나오며 자리에서 일어나 만세를 부르려던 찰나, '넌 지금 백 명이 넘는 독일 사람들 사이에 있어!'라고 말하는 이성에 정신을 차리곤 입을 틀어막았다.

이럴 수가! 후반 90분이 지나고 추가된 시간에 그것도 독일을 상대로 골을 넣다니! 겉으로는 아무렇지 않은 척 입을 막고 덤덤히 스크린을 보고 있었지만, 내 안에서는 온갖 환호의 소리로 가득 찬 광란의 잔치가 벌어지고 있었다. 감정을 표현하지 못하는 이 느낌, 아버지를 아버지라 부르지 못하는 홍길동의 답답했던 그 심정을 통감할 수 있었다.

'이렇게 되면 우리가 독일을 이기는 건 시간문제야'

주체할 수 없는 기쁨을 추스르고 아직 남은 경기에 집중했다. 스포츠라는 건 끝날 때까지 끝난 게 아니니까. 그런데 어? 그로부터 3분 뒤, 손흥민이 쐐기골을 넣는 것이 아닌가. 소위 말하는 역대급으로 환상적인 골이었다. 골이 터지는 순간, 나는 기쁨에 정말 미쳐버리는 줄 알았지만 다시 한 번 입술을 세게 깨물며 최대한 아무렇지 않은 척을 했다. 그리곤 나도 모르게 눈이 옆으로 돌아갔다. 사람들의 반응을 살핀 것이다. 골이 터짐과 동시에 홀 안에 있던 독일 사람들은 격앙된 목소리로 고함을 지르며 스크린으로 마시던 맥주병과 응원봉 같은 것들을 던지기 시작했다. 그리고는 완전히 경기가 끝나지도 않았는데 안에 있던 사람들의 절반은 욕을 하며 홀을 빠져나가기 시작했다.

'우와 큰일 났다. 이거 어떡하지? 경기 끝나고 사람들한테 둘러싸여서 맞으면 어떡하지? 일본어나 중국어를 쓰면서 나갈까?'

유럽인들의 축구에 대한 프라이드와 열정적인 성격을 잘 알고 있는 나는, 진짜 오랜만에 '두려움'이라는 것을 느꼈다. 태어나 처음으로 신변의 위협을 느끼며 어떻게 탈출할까 조마조마한 마음으로 고민을 하던 중 경기는 끝이 났다. 경기가 끝나자마자 나는 주변을 살폈다. 주변은 아비규환이었다. 알아들을 순 없었지만 격하게 욕을 하는 듯한 사람들, 우는 사람들, 화를 내며 밖으로 나가는 사람들로 가득했다. 나는 바로 입고 있던 후드티의 모자를 뒤집어썼다. 평소 후드티를 잘 입지 않았는데 그날은 또 운 좋게 후드티를 입고 있었다. 나는 얼굴이 안 보이도록 최대한 몸을 숙였다. 그리고는 세상 조용한 발걸음으로 슬금슬금 문으로 빠져나왔다. 정말 감사하게도 나는 맨 끝자리에 앉았었기 때문에 쉽게 나올 수 있었다. 홀 밖으로 나와서부터는 혼자 좀비 영화를 찍기 시작했다.

'걸리면 죽는다!'

여기저기 사람들이 모여 있는 사이사이를 발자국 소리도 나지 않게끔 걸으며 유유히 빠져나오기 시작했다. 로빈은 그런 내가 재미있는지 박장대소를 해댔다. 괜찮다고 아무도 해코지 안 할 거라고 말하는 로빈의 말에,

"로빈, 나한테 말 걸지 말고 조용히 나와. 나 죽기 싫어!!"라며 귓속말을 하고는 3분 정도를 독일 좀비들 사이에서 걸어 나왔다. 마침내 안정권에 접어들어 모자를 벗고 제대로 된 숨을 쉴 수 있었다.

'후아, 살았다!'

핸드폰을 보니 내가 독일에서 축구를 본다는 것을 알았던 사람들이 진심으로 괜찮은지, 아무 일 없는지 확인하는 톡들이 와 있었다. 심지어 전화 통화도 잘 안 하는 아버지는, 오늘은 어디 나가지 말고 집에서 쉬라고, 빨리 들어가라는 전화를 하셨다. 결론적으론 아무 탈 없이 무사히 집으로 잘 복귀할 수 있었다. 잊지 못할 월드컵의 아찔한 순간과 혼자만 비장했던 탈출기는 그렇게 기억에 오래 남을 추억으로 남게 되었다.

사진은 대한민국과 멕시코전을 볼 때의 응원 모습. 독일 전에서는 차마 저렇게 열정적으로 응원할 수 없었다.

꿈이 있다는 것, 좋아하는 것,

하고 싶은 것이 있다는 건 행복한 일이다.

'꿈이나 하고 싶은 것이 꼭 있어야만

삶에 의미가 있다'라고는

생각하지 않는다. 그러나 개인적으로

그러한 목표가 있다면 조금은 더 흥미롭고

재미있는 인생이 되지 않을까 싶다.

관심을 가지다가 도전해보고 싶었던 새로운 공부나 알바, 일을 시작할 때 가끔씩 주변에서 듣는 말이 있다.

"미래에 도움이 될 만한 공부를 해라."

"앞으로 삼을 직업에 경력이 될 만한 일이나 아르바이트를 해라"라는 말들.

틀린 말은 아니지만 그렇다고 맞는 말도 아니다. 내가 해보고 싶다면, 안 하면 정말 후회할 것만 같은 공부나 일을 경험하려고 할 때 왜 그런 조건들을 신경 쓰며 결정해야 하는지는 참 의문이다. 각자 생각하는 가치를 따라나서는 자체만으로 미래를 위한 '투자' 혹은 '성공한 삶'일 텐데 말이다. 내가 가진 계획이 확실해서 그 계획에 도움이 될 만한 일이나 경험을 하는 것이 물리적인 시간의 단축을 가져올 수는 있다. 그러나 너무 맹목적으로 '단축할 시간'에 집중하다 보면 실제적으로 인생에 큰 선물로 선사될 '꿈같은 시간'들을 보낼 수 있는 기회와 멀어질 수도 있다. 본인이 꿈꿔오던 시간을 살아낼 때 더 밝고 확실한 미래를 살 수도 있지 않을까?

나는 묻고 싶다.

"당신은 무엇을 좋아하는가? 어떤 것에 관심이 있는가?"

뮌헨에서 나에게 카우치 서핑을 제공해
준 호스트 '톰'

뮌헨 근교에 있는 노이슈반슈타인성.
디즈니성의 모티브가 된 성이다.

기가 막힌다, 너무 예쁜 거 아니야

유럽 여행의 끝판왕이라고 알려져 있는 스위스. 주변 사람들이나 SNS를 통해 스위스 여행을 다녀온 사람들에게 어땠는지 들어보면 '별로였다'라는 말은 듣기 힘들 것이다. 다른 유럽에 비해서 끝을 모르고 올라가는 높은 물가를 자랑하여 '물가 지옥'이라고도 불리는 스위스는, 정말이지 누구나 스위스의 사진을 보면 '가고 싶지 않다'는 생각이 들 수 없을 정도로 아름다운 나라이다. 아름다움으로 인한 '설렘'과 물가로 인한 '두려움', 이 두 마음을 품고 독일 여행을 마무리한 뒤 스위스로 넘어갔다!

스위스에서의 첫 출발은 역시나 심상치 않았다. 버스 터미널에서 내린 뒤, 스위스에서 머물 친구네 집으로 가는 기차표를 구하기 위해 티켓 발매기 앞에 섰다. 다행히도 터미널에서 친구 집까지는 단 두 정거장이면 가는 거리였다. 한국으로 치면 홍대에서 이대로 지하철을 타고 가는 셈. 물가가 꽤 비싼 것을 감안하고 긴장된 마음으로 내릴 역을 입력하고 결제창으로 들어갔다. 그리고 나는 내 눈을 의심했다. '이거 뭐지? 잘못 설정했나?' 다시 뒤로 넘어가서 처음부터 다시 도착지를 설정하고 두 번, 세 번을 확인하고 결제창으로 넘어갔다. 그러나 여전히 티켓 값은 그대로였다. 7.5프랑. 한국 돈으로 약 8,000원. 두 정거장을 가는데 8,000원이라니. 두둥! 와우! 등골이 오싹 해졌다. 이 미친 물가는 무엇인가. 정신을 바짝 차려야 했다. 그러지 않고는 이 처참한 물가 지옥 구덩이에서 벗어나지 못한 채 매장당할 것만 같았다.

나는 한국에서 만난 '그레이스'라는 스위스 친구 집에서 머물 수 있었다. 그레이스는 스위스인 아버지와 한국인 어머니 사이에서 태어났다. 그레이스는 예쁘고, 착하고 4개 국어를 하는 똑똑한 친구이지만, 보기와는 다르게 한 똘끼를 가지고 있는 재미있는 친구이다. 내가 스위스에 갔을 당시 중국으로 가서 중국어를 공부할 계획도 가지고 있었으니, 지금은 무려 5개 국어를 할 수 있을 것이다.

5년 전, 나는 영어에 빠져있었다. 당시 '언어'가 앞으로 취업을 할 때 경쟁력이 있을 것이라는 생각이 들었다. 그래서 요즘 시대에는 기본이라고 말하는 '영어' 공부를 시작한 것이다. 어릴 때부터 학교에서 다른 과목의 성적은 비참했지만 영어는 그래도 곧잘 하는 편이었다. 역시나 흥미가 있다 보니 배우고 공부하는 게 재미있었다. 10개월 정도를 주말을 제외하고 평일 매일 7시간 이상 영어 공부를 했다. 그러다 보니 자연스레 영어가 조금씩 느는 것을 느꼈고, 외국인 친구를 사귀고 그들과 함께 대화를 해보고 싶은 마음이 생겼다. 그러나 외국인 친구를 만들 수 있는 기회를 찾기는 쉽지 않다. 보통

'Meet up'이라는 언어 교환 모임에서 외국인 친구들을 사귀거나, 이태원에 있는 외국인들이 많이 오는 펍에 가서 이야기를 하며 자연스레 친구를 만드는 방법이 있다. 그러나 나에게는 그다지 당기지 않는 방법들이었다.

'어떻게 하면 나만의 방법으로 외국인 친구를 사귈 수 있을까?'

머리가 아플 정도로 고민을 하다가 좋은 방법을 생각해냈다. 한국어를 배우러 온 외국인과 한 시간은 한국어로 대화하고 한 시간은 영어로 대화하는 '언어 교환'을 하면 서로 언어도 배우고 좋은 친구도 만들 수 있겠다는 생각이 들었다. 나는 워드로 언어 교환에 관한 전단지를 만들어 서강대학교 어학당 앞으로 갔다.(당시는 신촌에 살 때라 서강대로 갔다. 대부분 다른 대학교에도 어학당이 있으니 내 방법으로 외국인 친구를 구하고 싶다면 집 근처 대학교로 가자!) 어학당 앞에서 한국어를 배우는 외국인 학생들의 수업이 끝나는 시간까지 기다렸다. 시간이 지나 수업이 끝나고 외국인 학생들이 하나둘씩 문으로 나오고 있었다. 당시에는 영어를 못할 때라 그냥 "HI!" 한 마디와 함께 세상 좋은 미소를 머금고 학생들에게 전단지를 돌리기 시작했다.

전단지를 돌리기 시작한 지 5분 정도 지났을까. 전단지를 받고 지나가던 외국인 학생 두 명이 잠시 자리에 멈춰 읽어보더니 나에게 다가오는 것이었다. 그리곤 "이거 재미있을 거 같아요! 저 해볼래요!"라고 말했고, 그 중 한 명이 그레이스였던 것이다. 그렇게 우리는 일주일에 두 번씩 만나서 언어 교환을 하면서 친해졌고, 그게 인연이 되어 스위스에서 그레이스 집에 머물 수 있게 된 것이다.

그·러·나! 안타깝게도 내가 스위스에 방문했을 땐 그레이스는 프랑스에서 공부를 하고 있었다. 하지만 그레이스는, 마침 오빠 둘도 집에서 지내고 있어서 내가 스위스를 둘러보는 데 도움을 줄 수도 있고, 어머니도 한국분이시니 불편하지 않을 거라며 집에 방이 남으니 머물러도 된다고 했다. 이미 가족들에게 다 허락도 받아놓고 편하게 스위스에서 지낼 수 있게 배려해준 것이었다. 숙박만 할 수 있어도 정말 감사한데 나는 그레이스 어머님의 환상적인 요리도 매일 맛볼 수 있었다. 한식, 중식, 양식 등 정말 일반 가정에서는 먹기 힘든 코스 요리들을 매 저녁마다 대접해주셨다. '요리왕 비룡'의 환생을 보는 것 같은 요리 실력에 매번 감탄하기 일쑤였다. 어떠한 미사여구도 필요치 않았다. '진짜' 맛있었다. 단언컨대 내가 여행을 하면서 먹었던 음식 중에는 가장 맛있는 음식들이었다. (당시 나는 그림 같은 음식들에 눈이 멀어, 사진을 찍어야겠다는 생각도 못하고 먹어치우기에 바빴기 때문에 음식 사진이 하나도 없다) 그레이스 덕분에 그렇게 비싸다는 스위스에서 숙식비를 아낄 수 있었다. 그레이스에게 다시 한 번 무한 감사를!

스위스는 이름값을 톡톡히 했다. 직접 여행을 해보니 왜 사람들이 호불호 없이 스위스를 사랑하는지 단번에 알 수 있었다. 자신이 더 높고 크다고 자랑하는 듯, 위풍당당하게 옹기종기 모여 있는 나무들, 그 나무들이 사는 숲, 숲을 둘러싸고 있는 에메랄드 빛 호수까지. 그 근처를 지나가노라면 내 모든 신경 세포 하나하나가 깨끗하게 정화되는 느낌이었다. 호수든 산이든 어딜 가나 비슷할 수도 있겠지만 내가 느낀 스위스는 지금껏 느껴온 자연과는 또 다른 신선함을 고스란히 전해주었다.

스위스의 대표 관광지인 '인터라켄'에는 다양한 관광 코스가 많다. 그 중 가장 인기가 많은 융프라우, 그린델발트, 뮈렌, 쉴트호른은 우리가 한 번쯤은 들어봤을 '알프스 산맥'을 볼 수 있는 곳들이다. 사진으로만 보던 장엄한 광경을 실제로 내 두 눈으로 직접 보고 싶었던 나는, 주저 없이 그린델발트를 가기로 결정했다. 인터라켄 도심에서 기차를 타고 그린델발트 역으로 가서 다시 피르스트라는 산으로 케이블카를 타고 올라갔다. 올라가는 동안 케이블카 안에서 바라보는 밖의 세상은 신기했다. 언제부터 존재했을지 모를 암벽들과 곳곳에 위치해있는 큰 바위들, 그 사이를 메꾸는 초록색의 풀과 나무들의 조화는 마치 내가 다른 행성에 온 것만 같은 착각을 불러일으켰다.

들뜨는 마음을 한가득 안고, 드디어 피르스트(하이킹 코스의 기점으로 표고 2,163m에 위치)에 도착했다. 케이블카에서 내려서 역 밖을 나오자마자 나는 그 자리에서 그대로 얼어버렸다. 내 눈 앞에 펼쳐진 장관은 글로 표현하기 힘들 정도로 아름답고 경이로웠다. "자, 여기가 스위스야. 보고 느껴봐" 하는 장관(壯觀)의 목소리가 들리는 듯했고, 자연스레 나의 두 발은 묶여버린 것이다. 말로만 듣던 만년설의 알프스산이 바로 보인다니 새삼 '아, 내가 여행을 하고 있긴 하구나.'라는 생각이 들었다.

여행을 하다 보니 여행이 일상이 되어있었다. 우리가 아무런 특별함을 느끼지 못하고 일상에 젖어들어 살 듯, 여행의 소중함을 느끼지 못하고 있었음을 깨달았다. 그런데 스위스의 '자연'이 나를 딱 일깨워준 것이다.

'그래, 나에겐 일상이지만 누군가에겐 꿈같을 이 시간들을 느끼고 즐기자. 난 특별한 사람인 거야!'

나는 정신을 차리고 묶여있던 두 발을 풀고 다시 걷기 시작했다. 한 걸음 한 걸음 걸으며 바라보던 눈 덮인 알프스와 그 곁을 감싸는 산들, 풀을 뜯어먹는 소들, 고요한 산의 소리들은 '사랑하는 사람과 다시 오고 싶다'는 생각이 들도록 하기에 충분했다. 두 손으로 네모를 만들어 그 네모를 통해 앞에 펼쳐진 자연을 바라보면 그냥 그림이었다. 내 손에 담긴 스위스의 풍경은 아주 좋은 카메라로 찍은 스위스의 풍경이 담긴 액자를 연상케 했다. 우리가 흔히 일상에서 어떤 아름다운 광경을 보면 '그림 같다'라고 하는데, 그 느낌이 어떤 느낌인지 정확히 알 수 있었다. 동시에 내가 보는 그대로를 사진이나 영상으로 담아가지 못하는 현대 기술의 한계를 탄식했다.

5일 동안의 알차고 꿈같았던 스위스 여행을 마무리하고 다음 나라인 '이탈리아'로 가기 위해 첫 '노숙'을 감행했다. 여행을 떠나기 전, 꽤 많은 노숙을 할 것으로 예상했다. 하지만 감사하게도 제때 카우치 서핑, 한인 교회, 현지 친구들을 통해 숙박할 곳을 잘 구해서 노숙을 할 날이 많이 없었다. 이탈리아로 넘어갈 때 새벽 5시 버스를 타고 가야했는데, 그렇게 이른 시간에는 버스 터미널로 가는 대중교통이 없었다. 그래서 전날 밤 11시쯤에 노숙을 하고 버스를 타기 위해 터미널로 갔다.

생에 첫 '노숙'. 해외에서, 게다가 아무도 없는 곳에서 혼자 노숙을 해야 하는 상황에 두려울 법도 했지만, 새로운 경험을 하는 것에 대한 기대감에 너무 신나있었다. 터미널에 도착해서 자리를 물색했다. 구석에 아주 좋은 곳을 발견하고는 바로 자리를 잡았다. 기타와 내 모든 귀중품이 담긴 작은 백팩을 가장자리에 잘 세웠다. 그 앞에 침낭을 펼치고 60L 가방을 베개 삼아 누웠다. 나는 개미 한 마리도 없을 만큼 아무도 없는 아주 조용한 터미널 한 구석에 누워있었다. 조금 무서워지기도 했지만 다행히도 마치 나를 위해 준비한 듯, 대낮처럼 불이 밝게 켜져 있었다. 잠깐 들었던 두려움도 안락한 노숙의 장소가 주는 노곤함을 이기지 못했고, 나는 누운 지 얼마 되지 않아 바로 잠에 들었다. 시간은 흘러 알람이 울렸고, 다행히 시간을 잘 맞춰 일어나 무사히 버스를 타고 이탈리아로 넘어갈 수 있었다. 날이 춥지 않아서 정말 다행이었다.

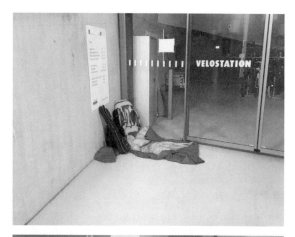

특별했던 이탈리아의 추억

●

스위스에서 이탈리아로 가기 위해 버스를 탔는데 몇 시간이 걸렸을지 예상해보라. 3시간? 6시간? 10시간?

아니, 스위스에서 출발해서 총 15시간 만에 베니스에 도착했다. 중간에 어떤 한 도시에서 버스를 갈아타야 해서 3시간을 쉬긴 했다. 그래도 총 12시간을 버스에서 보낸 셈이었다. 나는 고향이 대구지만 현재 서울에 거주하고 있다. 그래서 서울에서 명절 때마다 버스를 타고 내려가곤 했다. 평상시엔 3시간 30분이면 가는 거리를 명절에 내려가게 되면 차가 많이 막혀서 6시간 정도 걸린 적도 있었다. 그때는 그마저도 힘들다고 다시는 버스를 안 타겠다고 했다. 여행을 하면서 고된 여정에 몸이 적응한 건지 네덜란드에서 독일로 넘어갈 때 8시간 동안 탄 버스도 그리 힘들지 않았고, 이번에 12시간 탄 것도 나름 견딜 만했다. 역시 '주변 환경'이 사람에게 미치는 영향은 대단했다.

이탈리아는 소매치기로 악명이 높은 나라이다. 여행 커뮤니티나 카페에서 소매치기 관련 글을 보게 되면 거의 이탈리아에서 생긴 일들이었다. 나는 다른 나라를 여행하면서는 힙색을 거의 사용하지 않았다. 불편하기도 하고, 괜히 힙색을 하고 다니면 관광객처럼 보여

평화로웠던 베네치아(베니스)의 풍경

부라노섬

서 소매치기의 타깃이 될 확률이 높다고 생각한 것이 그 이유였다. 그래서 가방 맨 밑에 넣어두고는 잊고 살았다. 그러나 이탈리아에서는 힙색을 꼭 해야 될 것만 같았다. 관광객처럼 보이더라도 눈에 불을 키고 경계하겠다는 일념하에 가방 구석에 있던 힙색을 꺼내면서 전의를 다졌다.

'내 기필코 소매치기를 당하지 않으리. 나의 여행기는 이탈리아에서 끝나지 않는다.'

이탈리아 여행의 첫 번째 도시는 수상 도시 '베니스(베네치아)'였다. 결론부터 말하자면 베니스는 개인적으로 '신혼여행으로 다시 오고 싶다'는 생각이 들 정도로, 이탈리아 여행에서 가장 마음에 들었던 도시였다. 본섬은 그리 크지도 작지도 않은 적당한 크기의 섬이었다. 아기자기한 상점들이 모여 있고, 운하 위를 다니는 곤돌라와 수상 버스에서 이탈리아 특유의 운치를 느낄 수 있었다. 특히 베니스 본섬의 골목골목이 정말 매력 있었다. 미로처럼 비슷한 분위기를 내지만 각양각색의 매력을 가진 골목들을 둘러보는 재미도 있었다.

베니스의 하이라이트는 뭐니 뭐니 해도 '부라노섬'이었다. 아마도 베니스 여행을 오는 사람들이라면 대부분이 '부라노섬'을 보기 위해 오는 것일 테다. 가수 아이유의 '하루 끝'이라는 노래의 뮤직비디오 배경으로도 유명한 부라노섬은 동화 같은 분위기를 자랑하는 알록달록한 색상의 집들이 모여 있는 섬이다. 작은 섬이었지만 섬을 둘러보는 내내 기분이 좋아졌다. 특히 형형색색의 집들을 보고 있노라면 '힐링'이라는 단어를 몸소 느낄 수 있었다. 그 섬에 사는 아이들이 개와 함께 뛰어다니며 노는 모습을 보는데 무척 자유롭고 행복해 보였다. '여기서 한 번 살아보고 싶다.'는 생각이 들었을 정도로 부라노섬은 후회 없는 이탈리아 여행을 하게 해준 큰 선물이었다.

피렌체는 이탈리아의 도시 중에서도 여행자들에게 꽤 인기가 많은 도시이다. 피렌체 대성당, 미켈란젤로 언덕 등 시선을 확 사로잡는 멋진 곳들이 있기 때문이다. 개인적으로는 명성에 비해 별다른 감흥이 없었던 도시였다. 그러나 피렌체는 내게 특별하고 잊지 못할 도시로 등극했다.

베니스 여행을 마치고 피렌체로 넘어가기 위해 베니스 역에서 버스를 기다리고 있었다. 그러던 중 버스 정류장 앞에서 어떤 동양 여자가 두리번거리는 것을 발견했다. '한국인인가?' 하고 생각하고 있을 찰나, 그 여자와 나는 눈이 마주쳤다. 그와 동시에 그 여자가 나에게 다가오는 것이었다. '한국인…이겠지?' 하는 표정을 지으며 한국어로 말을 걸려는 것을 알아차릴 수 있었다.

"저기…" 여자가 내게 말을 걸었다.
"어 네!"
"아 한국인 맞으시네요! ㅎㅎ 여기가 피렌체로 가는 버스를 타는

피렌체의 두오모와 미켈란젤로 언덕에서 바라본 시내

정류장이 맞나요?"

"네. 맞아요. 여기서 기다리시면 돼요."

그렇게 베니스의 버스 정류장에서 나와 선영 누나, 유영 누나와의 인연이 시작되었다. 나에게 길을 물어본 여자는 선영 누나였다. 선영 누나는 나에게 이 버스 정류장이 맞다는 사실을 확인하고, 뒤따라오던 유영 누나와 누나의 어머니에게 가서 여기가 맞다는 제스처를 취하는 듯 보였다. 그리고 마침 누나들이 도착하고 몇 분 되지 않아서 바로 버스가 왔다.

버스에 짐을 싣고 차에 타려는데 누나들과 어머님이 캐리어를 끌고 짐 싣는 곳으로 오고 있었다. 딱 봐도 여자들이 들어서 넣기엔 무거워 보여서 짐을 들어 하나하나 실어드렸다. 그리 큰 호의도 아니었는데 고맙다고 인사하는 누나들의 말에 괜히 민망해서 "어유 별거 아닌데요, 뭘" 하며 짧은 한 마디를 남긴 채 서둘러 버스에 올라탔다. 그때만 해도 우리는 몰랐다. 계속 인연이 이어질 줄은.

베니스에서 피렌체로 넘어오는 동안, 그새 해는 지고 어두운 밤이 찾아왔다. 버스는 밤 10시가 넘어서야 피렌체에 도착했다. '여기가 정류장이 맞나?' 싶을 정도로 외지고 조용하고 음산한 곳에 정류장이 위치해있었다. 아무래도 늦은 시간이기도 하고, 해외라는 이미지가 있어서 그런지 위험하게 느껴지긴 했다. 그래도 도로에 차들도 꽤 많이 다니고 사람들도 다니는 거리여서 안심이 되었다. 나는 버스가 정차하자마자 재빨리 버스에서 나왔다. 분신 같은 백팩을 짐칸에서 꺼내어 메고 갈 길을 가려던 순간, 베니스에서 실어드린 누나들과 어머님의 캐리어가 눈에 들어왔다. 그와 동시에 누나들과 어머님이 짐을 꺼내러 다가왔고, 나는 자연스럽게 캐리어들을 꺼내드렸다. 누나들은 초롱초롱한 눈으로 다시 한 번 매우 고맙다며 인사를 했다. 나도 아까와 똑같이 별일 아니라고, 여행 잘하시라고 말을 한 뒤 쏜살같이 버스 정류장 바로 앞 기차역으로 걸어가기 시작했다. 밤 12시까지 호스텔 체크인 시간이라 더 지체하면 안 될 것 같았기 때문이었다. 그런데 이게 웬걸, 기차역이 닫혀있었다. '하, 이거원…' 주변 사람들에게 물어보니 이 역은 일찍 닫고, 조금만 걸어가면 중앙역이 있는데 거긴 열려있으니 거기서 기차를 타면 된다고 했다. 고맙다는 인사 후 다시 중앙역으로 돌아가려는데 누나들과 어머님이 내가 방금 다녀온 역으로 올라가려고 하고 있었다.

"어, 거기 제가 올라가봤는데 역이 닫혀있어요."
"네? 헐 그럼 어떡해야 되지?"
"실례지만 어디로 가세요?"
"중앙역 근처로요!"
"아, 저도 지금 중앙역으로 가는데, 괜찮으시면 같이 가실래요? 여기서 조금만 걸어가면 된다네요."

가는 길이 어둡고 스산해서 걱정이었는데 나랑 같이 가니까 마음이 놓인다고, 다행이라고 좋아하시던 어머님과 누나들은 참 '좋아 보이는' 모녀였다. 누나들은, 딸 둘을 낳으면 저렇게 사이가 좋았으면 좋겠다는 생각이 들 정도로 참 '좋아 보이는' 자매였다. 우리는 짧은 시간이었지만 나름 영양가 있는 대화들로 채우며 중앙역으로 가는 길을 걸었다. 세계 여행을 하고 있는 이유, 어떤 나라를 다녀왔는지, 누나들은 어떤 계기로 이탈리아에 왔는지 등등 이런저런 이야기들을 하다 보니 어느새 우리는 중앙역 근처에 도착을 했다. 누나들과 어머님의 최종 목적지는 중앙역 근처 호텔이었다. 누나들과 어머님은 너무 고맙다며 뭐라도 사줄 테니 좀 먹고 가라고 하셨다. 그러나 더 지체하다가는 호스텔로 못 갈 수도 있는 늦은 시간이라 아쉽지만 그럴 수가 없었다. 이런 연유를 말씀드리니 그럼 내일 연락을 줄 테니 꼭 저녁을 함께 먹자고 하시는 것이었다. 나는 아들처럼, 동생처럼 신경써주시는 세 모녀의 배려에 감사하며, 카톡 아이디를 교환하고는 호스텔로 부랴부랴 발걸음을 옮겼다.

다음날, 피렌체 시내를 둘러보고 일찍 호스텔에 들어와 쉬고 있었다. 쉬면서 일기도 쓰고 다음 나라에 대한 정보를 찾으며 누나들의 연락을 기다렸다. 그러나 연락을 주기로 한 약속 시간까지 기다렸지만 끝내 연락은 오지 않았다. '인사치레로 그냥 한 말이었나? 하긴 모녀끼리 여행을 왔는데 잠깐 본 사람이랑 밥까지 같이 먹기엔 부담스러울 수도 있지.' 하고는 저녁으로 컵라면을 끓여먹으려고 라면을 꺼내는 순간, 선영 누나로부터 카톡이 왔다.

선영, 유영 누나와 어머님!

"연락이 늦어서 미안해요! 9시에 레스토랑 예약했는데 주소 보내 줄 테니까 거기로 와요! 우리가 초대하는 거니까 부담 갖지 말구요!"

　혼자 여행을 하는 것에 익숙해져 있었지만 나도 모르게 외로움을 느끼고 있었던 것일까. 오랜만에 누군가가 나를 동생처럼 챙겨준다는 느낌을 받으니 괜히 찡하기도 했고, 무척 기뻤다. 한달음에 나는 레스토랑으로 날아갔다. 피렌체에 가면 꼭 먹어봐야 한다는 '티본스테이크'는 당시 나에게는 비싼 음식이라 거들떠도 보지 않았다. '나는 가난한 여행자입니다!'를 마음껏 발산하는 후줄근한 옷과 외모를 통해 나의 빈곤함을 친히 알아보셨는지 누나들은 티본스테이크로 유명한 레스토랑으로 나를 초대해주신 것이었다. (알고 보니 관광객들은 잘 모르는, 현지인들이 찾는 정통 티본스테이크 레스토랑이었다.) 우리는 스테이크뿐 아니라 다양하고 맛있는 음식을 먹으며 서로를 좀 더 알

유명한 '피사의 사탑'이 위치해있는 '피사'는 피렌체 근교 도시이다. 그래서 피렌체를 여행하는 사람들은 꼭 한 번씩 들르기도 한다. 실제로 보면 정말 신기할 정도로 기울어져있는, 교과서에서만 보던 '피사의 사탑'은 참 신기했다.

아가는 시간을 가졌다. 오랜만에 마음이 맞는 한국인들과 마음 통하는 이야기를 나누니 더욱 풍성한 저녁 시간이 되었다.

우리는 맛있는 저녁 식사를 마치고 레스토랑을 나와 피렌체의 밤거리를 걷기 시작했다. 길거리 악사들의 음악 선율은 피렌체의 저녁을 더 우아하게 만들었고, 선선히 불어오던 따스한 바람은 무더운 이탈리아의 여름을 비웃듯, 몸도 마음도 상쾌하게 만들어주었다. 우리는 피렌체에서 유명한 젤라또까지 먹으면서 걷고 또 걸었다.

여행을 하면서 좋은 기회가 되어 맛있는 음식을 먹은 적은 있었다. 하지만 고급 레스토랑에서 유명한 음식을 먹은 것은 처음이었다. 성격 좋은 누나들 덕분에 오랜만에 호사를 누린 시간이었다. 잠깐 스쳐 지나갈 수 있던 사람이었지만 진심으로 생각해주고 챙겨준 누나들과 어머님 덕분에 우리는 '인연'이 되었다.

좋은 사람들과 좋은 곳을 여행하니 모든 것은 두 배가 되었다. 재미도 두 배, 감흥도 두 배, 저녁 맛도 두 배. 역시 '어딜 가냐', '무엇을 하냐'보다 중요한 것은 '누구와 함께'하느냐였고, 그 진리는 나의 여정을 더 의미 있게 만들어주었다.

내게 로마 여행의 추억은 바티칸 투어가 전부이다. 콜로세움, 판테온, 트레비 분수 등 다양한 유적지와 관광지도 인상 깊긴 했지만 바티칸 투어 정도의 신선한 파급력을 갖지는 못했다. '세계에서 가장 작은 나라'라고 알려진 바티칸 시국은 로마에서 가장 인기가 많은 관광지이다. 유서 깊은 전통과 역사의 산지인 바티칸 시국은 이탈리아의 수도 로마의 한 부분을 점하고 있으며 로마 교황이 통치하는 독립국이다. 독자적으로 수표와 주화까지 발행하고, 바티칸시국 소속인 경찰과 소방관들도 있다. 나라 안의 나라라니, 이 얼마나 흥미로운 사실인가. 세계에서 가장 큰 성당인 '베드로 성당'도 바티칸 시국에 위치해있었다. 기독교나 천주교가 아닌 사람들도 얼마든지 가서 직접 보고 관광을 할 명분은 충분한 곳이었다.

나는 일체의 망설임 없이 무조건 바티칸 시국은 다녀와야겠다고 마음을 먹었다. '바티칸 투어'는 내가 여행을 하면서 내 돈을 주고 한 첫 번째이자 마지막인 투어이다. 사실 투어 같은 경우는 개인적으로 돈이 아깝다고 생각을 많이 했다. 특히 유럽에서는 조금 멀기는 해도 혼자서도 충분히 다닐 수 있는 교통이 잘 되어있다. 또 어떤 유적지나 관광지에 가기 전에 미리 검색을 해서 좀 알고가면 충분히 재밌게 여행을 할 수 있기 때문이었다. 그래서 처음에는 바티칸에 갈 때도 투어 없이 그냥 혼자 가서 둘러볼 계획이었다.

그러나 '피자 먹으러 이탈리아로, 맥주 마시러 독일로 가는 유럽 여행의 전문가 중 전문가, 유럽 여행의 어머니'로 불리는 솔비 누나가 강력하게 투어를 권유했다. 혼자 인터넷으로 대충 알아보고 가서 둘러보기는 너무 크고 역사가 깊은 곳이라고. 장담하는데 절대 후회 안 할 거라고, '무조건' 하라는 누나의 반 협박 반 권유에 투어를 하게 되었다. 역시 전문가는 전문가였다. '투어로 안 왔으면 어쩔 뻔 했나'라는 생각이 계속 들 만큼 후회 없는 선택이었다. 반일투어 (8am~1pm. 투어마다 시간 상이)에 한화로 약 5만 원으로, 생각보다 많이 비싸지도 않아서 더 좋았다.

　개인적으로 바티칸 투어의 가장 큰 볼거리와 인상 깊었던 점은 '미켈란젤로'라는 예술가의 그림과 그의 삶이 묻어나는 성당이었다. 미술가인지 조각가인지 정확히는 몰라도 '미켈란젤로'라는 이름은 누구나 들어봤을 것이다. 나도 그냥 많이 들어봐서 '유명한 사람' 정도로 생각했는데 투어를 하며 그에 대한 이야기를 들어보니 '미켈란젤로'는 완전 천재였다.

　그는 그림의 '그'자도 모르는 조각가였지만 교황의 부탁으로 그림을 처음 그리기 시작했다. 그로부터 몇 년 뒤, 진정 미술을 오래도록 한 미술가들도 쉽게 내놓지 못한 어마어마한 걸작들을 세상에 내놓았다. 그 중 세계에서 가장 멋진 작품으로 손꼽히는 '천지창조'와 '최후의 심판'이 미켈란젤로의 작품이었던 것이다.

　우리 모두가 아는 '천지창조'의 그림에는 한 남자와 신이 손가락을 맞대고 있다. 원래 성경에서는 남자에게 생명을 불어넣을 때 코에 입김을 불어넣었다고 나와 있다. 그래서 원래대로라면 신이 남자의 코에 입김을 불어넣는 그림을 그려야 했다. 그러나 동성애를 강하게 반대하던 당시에 그렇게 그림을 그리면 남자와 남자가 입맞춤을 하는 것처럼 보일 수 있어서 손과 손으로 바꾸어 그렸다고 했다. 그리고 '최후의 심판'의 그림은 조금 멀리 떨어져서 보면 해골 형상이 나타난다. 이렇듯 그림 속에 숨겨진 의미, 의도, 시사하는 메시지들이 소름끼치도록 정교하고 세밀했다. 미켈란젤로는 성당 천장에 그림을 그리면서 눈도 멀고 등도 굽어 거의 불구가 되었다고 했다. 그러나 작품에 대한 열정은 멈출 줄 모르고 끝끝내 완성한 그림들을 보고 있노라면 천재의 비애를 느낄 수 있었다.

성 베드로 성당 또한 세계에서 가장 큰 성당답게 입이 떡 벌어지는 크기로 나를 압도했다. 얼마나 크고 높은지 성당 정문 앞에서 앞쪽을 보면 사람들이 작은 점으로 보일 정도였다. UN인지 어떤 기관인지 정확히는 기억이 안 나지만 세계 어느 곳이든 '성 베드로 성당' 보다 더 큰 성당을 지을 수 없다는 법을 제정해놨다는 이야기를 들었다. 바티칸의 위엄이 실로 크다는 것을 알 수 있었다. 이 외에도 바티칸에 대한 이야기들은 정말 흥미로웠다. 내가 지금 말한 이야기는 극히 일부이니 로마를 방문한다면 직접 바티칸 투어를 해서 꼭 들어보기를 진심으로 추천한다.

로마의 콜로세움

바티칸 성당의 내부. 정말 어마어마하게 크다. 사진 앞 사람을 보면 얼마나 큰지 가늠이 가능하다.

로마에서 바티칸 투어가 제일 기억에 남는다면 나폴리에선 포지타노가 제일 기억에 많이 남는다. 이탈리아 남부는 아름다운 지방으로 소문이 나서 신혼부부가 신혼여행으로도 많이 간다. 여행을 좋아하는 사람이라면 한 번쯤은 보았을, 넓게 펼쳐진 해변 앞 절벽 같은 곳에 층층이 쌓여진 집들이 즐비해있는 곳인데, 그곳이 이탈리아 남부에서도 유명한 '포지타노'이다. 내가 머물던 집에서 포지타노까지는 거리가 멀어서 당일치기로 다녀오려면 오전 일찍 나와서 초저녁에 들어가는 차를 타야 했다. 피곤한 몸을 이끌고 새벽같이 나와 세 시간 반을 달려 포지타노에 도착했다. 버스를 타고 꼬불꼬불한 해안 도로를 올라가는데 창밖 너머로 보이는 풍경은 예술이었다. 밤에 뜨는 별이 바다로 다 떨어진 듯 넘실대는 바다에서는 빛이 났다. 알록달록 각양각색의 집들은 바다를 쳐다보며 미소를 짓는 듯 보였다. 포지타노 해변 위에 있는 정류장에 내려 해변까지 내려가는 골목들 또한 매력 있었다. 영화 '맘마미아'에 나오는 듯한 분위기의 아기자기한 상점들은 관광객들의 이목을 끌기에 충분했다.

특히 포지타노에는 레몬이 유명했다. 레몬 향 사탕, 향초, 비누 등 레몬과 관련된 상품들이 가는 상점마다 있었다. 은은하게 풍기는 레몬 향은 평소 시트러스 계열의 과일 향을 좋아하는 나에게는 아주 기분 좋은 향이었고, 가벼운 발걸음을 걷게 해주었다. 당시 날이 너무 더워서 길거리에 파는 레몬 슬러시를 먹어보았는데, 단언컨대 지금껏 먹은 것 중에 가장 맛있었던 슬러시였다. 적당한 시큼함과 달콤함의 조화는 정말 환상적이었다.

오른쪽부터 조슈아, 말리, 선

나폴리에서 나는 비교적 여유로운 시간을 가질 수 있었다. 오랜만에 카우치 서핑으로 지낼 수 있었기 때문이었다. 사실 호스텔에 묵으면 나도 모르게 그냥 호스텔에만 있거나 일찍 들어오는 게 아쉬워서 계속 나가려고 했는데, 카우치 서핑으로 있으니 그런 부담감이 덜했다. 특히나 내가 머물렀던 조슈아의 집은 편안함 그 자체였다. 꽤 늦은 밤에 나폴리에 도착해서 조슈아의 집으로 갔을 때 캐나다에서 온 친구 말리와 선이 먼저 머물고 있었다. 우리는 금세 친해졌고, 밤새 이야기도 하고 영화도 보며 우리만의 불타는 밤을 보내었다.

그리고 다음날, 원래는 폼페이를 갈 예정이었지만 과감히 가기를 포기했다. 폼페이와 다른 유적지도 갈 계획으로 거금을 주고 아르테 카드(32유로로 구입할 수 있는 카드로 나폴리 시내 대중교통을 무료로 이용할 수 있고, 폼페이 등 유적지 2군데를 무료입장할 수 있는 카드. 2018년 기준)를 사긴 했지만, 너무 피곤한 관계로 인터넷으로 나머지 유적지들을 둘러보는 걸로 하고 조슈아 집에서 계속 잠을 잤다. 여행 중 아무 계획 없이 그냥 하루 종일 잠만 자는 것, 이거 정말 매력 있었다.

여행을 하는 사람들에게 주어진 '하루'의 의미는 다 제각각일 것이다. 한 달 혹은 두 달 정도 모든 일정을 다 잡아놓고 온 여행이라면 이렇게 하루를 의미 없이 보내는 것은 미친 짓이라고 생각할 수도 있을 것이다. 계획 없이, 기약 없이 발 닿는 대로 돌아다니는 여행자들에게는 하루를 그냥 잠만 자면서 보내는 것이 다음 여정을 위한 충전의 시간이 될 수도 있으니 긍정적으로 생각할 수도 있을 테다. 나는 당연히 후자에 속하는 사람이었기에, 오랜만에 누리는 단잠을 실컷 누렸다. 그때의 단잠은 말 그대로 정말 달았다. 아직도 생생한 그날의 낮잠은 이상하게도 기억에 오래 남는다.

나폴리에 가면 꼭 먹어봐야 한다는 유명한 피자. 영화 '먹고, 기도하고, 사랑하라'에 나와서 더 유명해졌다. 3시간을 기다려 먹었지만 생각보다 별로였다. 나는 생각했다. 역시 '피자스쿨'이 최고라고.

나는 키가 작은 게 콤플렉스야.

나는 피부가 안 좋은 게 콤플렉스야.

나는 코가 낮은 게 콤플렉스야 등등.

살아가다 보면 주변에서 이런 이야기를 많이 듣는다.

그게 '콤플렉스'라고 생각이 드는 건 왜일까? 그게 뭐 어때서?

그렇게 자신에 대해 강박을 갖고 자존감을 하락시키는 가장 큰 요소는 다른 사람의 시선에서 오는 '비교 의식' 때문일 것이다.

누구나 그런 감옥 같은 정해진 틀 속에서 자유롭고 싶지만, 한국이 가진 특수한 환경이 주는 '압박'에서 벗어나기가 쉽지는 않다. 그래서 사람들은 그런 비교 의식으로부터 자유롭게 '유아독존'의 자세로 살아가는 사람을 부러워하고 그 삶을 선망한다.

남들이 뭐라 건 신경 안 쓰고 마이웨이를 살아가는 성격을 가진 사람도 있다. 그러나 전혀 그런 성격이 아님에도 불구하고 본인의 의지로 그 틀을 깨부수는 사람도 있을 것이다. 결국 훈련이 필요하다. 훈련이라고 해서 거창하게 생각할 필요는 없다. 그냥 남을 신경 안 쓰려고 노력하고, 자신이 소중한 사람임을 끊임없이 생각하는 것. 내가 가진 것에 감사하려는 태도를 가지려고 힘쓰는 등 다양한 훈련이 있을 것이다. 물론 말처럼 쉽게 한 번에 바뀌진 않을 것이다. 다만 일련의 과정들을 통해 바뀔 모습을 기대하면서 끊임없이 훈련을 하는 것이다. 처음 운동을 시작할 때 $10kg$ 바벨도 못 들던 사람이 꾸준히 운동하고 연습해서 15kg, 20kg 쭉쭉 늘려가는 것처럼, 새로운 것을 배울 때 쉽게 안 되지만 계속 본인을 다그치며 끊임없는 연습을 통해 어느 정도 수준에 도달하는 것처럼, 이상적이고 현실성 없다고 생각하지는 않는다. 처음엔 어렵더라도 계속하다 보면 결국 쉬워지고 곧 적응하게 될 것이다.

기억하자.
'콤플렉스'는 자신이 가지고 있는 것이 아니라
세상이 만들이낸 산물에 불괴히다는 것을.

네덜란드의 잔센스칸스

파리에서 머물 때, 큰 도움을 주신 파리선한열매교회 청년 분들! 다시 한 번 진심으로 감사드려요!

생각보다 높고 어마무시한 자태를 뽐내며 서 있던 에펠탑의 첫인상은 정말 강렬했고, 입을 다물 수 없을 정도로 멋있었다. 사실 빤히 들여다보면 별거 아닌 큰 철골 구조물에 불과한데 소름이 돋는 이유는 아직까지도 잘 모르겠다. 에펠탑 하나만 실제로 보고와도 '파리 여행의 끝'이라는 말이 과연이 아닐 정도로 웅장했고, 가까이 가서 볼수록 더 매력이 있었다.

첫 히치하이킹을 시도하다

●

내가 유럽에서 꼭 해보고 싶었던 것 중 하나는 바로 '히치하이킹'이었다. 모르는 사람의 차를 타고 어디론가 가는 것이 위험한 행동일 수는 있다. 하지만 위험한 상황만 없다면 이보다 더 신선하고 재미있는 경험이 어디에 있을까. 모든 것은 생각하기 나름이라며 나는 긍정적인 상황에 베팅을 하고 히치하이킹을 시도하게 되었다. 최초 유럽 여행을 시작할 때는 아예 모든 곳을 히치하이킹으로 다닐까도 생각했다. 그러나 변수가 많은 히치하이킹이기 때문에 온전한 여행을 못 즐길 수도 있다는 생각이 들었다. 그래서 일정 구간만 히치하이킹으로 다니기로 결정했고, 그 첫 나라가 프랑스였다.

사실 난 어떤 나라를 갈 때마다 최소 2개 도시는 방문한다. 한국도 각 도시마다 다른 느낌이 있듯이 다른 나라들도 각 도시마다 가지고 있는 매력이 다를 것이기 때문이다. 하지만 프랑스에서는 파리만 가려고 했다. 매력이 있는 나라임은 분명했지만 이상하게도 프랑스는 그리 끌리는 나라가 아니었다. 그래서 파리 다음 바로 스페인 바르셀로나로 가려고 마음을 먹었다. 파리에서 바르셀로나까지는 차로 12시간 정도 걸리는 거리였다. 그 먼 거리를 한 번에 가는 차는 거의

이미 도착해서 먼저 히치하이킹을 시도하고 있던 친구

없기 때문에 파리와 바르셀로나 중간 지점인 리옹까지 한 번, 리옹에서 바르셀로나까지 총 두 번 히치하이킹을 이용할 계획을 세웠다.

파리에서 출발하는 오전, 머물던 집 앞에 있는 쓰레기장에서 박스 하나를 주워왔다. 설레는 마음으로 'LYON(리옹)'이라고 크게 써서 플래카드를 만들고, 파리에서 리옹으로 갈 수 있는 고속도로 초입으로 갔다. 역시나 고속도로 초입은 히치하이커들의 핫 플레이스임이 분명했다. 도착해서 보니 이미 많은 히치하이커들이 자신이 가야 하는 목적지를 적은 플래카드를 들고 히치하이킹을 시도하고 있었다.

나는 적당한 곳에 자리를 잡고 가방을 내려놓았다.
'우와, 드디어 하는구나! 재밌겠는 걸?'
얼마 만에 성공하게 될지, 얼마나 재미있을지 기대하는 마음으로 플래카드를 들어 올리고는 차를 잡기 시작했다. 나는 기본적으로 부끄러움도 민망함도 잘 못 느끼는 사람이지만 왠지 모르게 플래카드를 들고 있는 내가 민망하게 느껴졌다. 하지만 금세 민망함은 사라지고 당당함만이 남았다. 혼자 고군분투 열심히 하고 있는데 뭔가 이상한 낌새를 차렸다. 내 앞쪽에서 하던 친구들은 한 20분 정도만 하고 안 되니 다시 짐을 싸서 가는 것이었다.

'뭐지? 왜 벌써 포기하는 거지? 근성이 없구만. 아니야, 혹시 더 좋은 스팟이 있어서 거기로 간 건가?'

반신반의하며 히치하이킹 시도를 계속 이어갔다. 그렇게 한 시간, 한 시간 반, 두 시간… 시간은 계속 흘렀다. 때는 여름이었고, 고속도로에는 햇빛을 피할 만한 곳도 없었기 때문에 의도치 않은 일광욕을 하며 조금씩 지쳐가고 있었다.

'두 시간을 기다렸는데 안 오네. 포기하고 다른 곳으로 가볼까?'
'아니야 무슨 소리! 조금만 더 기다려보자!'

내 안의 두 자아의 대립 속에서 어떻게 하면 될지 고민하고 있던 찰나, 갑자기 차 한 대가 내 앞에 멈춰 서는 것이었다. 반가운 감정이 뇌를 거쳐 느껴지기도 전에 내 몸은 차 창문에 달싹 붙어있었다. 이내 창문

이 내려갔고, 운전을 하는 남자가 나에게 물었다.

"리옹?"

프랑스 남자 2명이 차에 타있었고, 짧은 한마디로 나에게 묻고는 다시 자기들끼리 불어로 막 이야기했다.

"응! 리옹! 너네 리옹으로 가니?"

나는 너무 놀라서 토끼눈을 뜬 채 물었다. '최소 4시간은 기다려야 되겠지'라고 생각했는데 두 시간 반 만에 성공하다니!

그런데 알고 보니 이 친구들이 리옹으로 가는 건 아니었다. 그러나 여기보다 히치하이킹을 하기에 더 좋은 곳을 안다며 거기로 데려다 준다고 타라고 하는 것이었다. 나는 좀 지치기도 했고, 여기보다 잘 잡히는 곳이 있다는데 계속 여기에 머무는 건 효율적이지 못할 거라는 생각이 들어 바로 승낙을 했다. 완벽한 성공은 아니었지만 그래도 나의 첫 히치하이킹이 성공하는 순간이었다! 기분이 너무 좋았다. 사막에서 오아시스를 만난 느낌. 무더운 여름 길거리에서 500원짜리 오렌지 맛 슬러시를 파는 가게를 본 느낌. 고진감래라는 표현이 딱 적절한 상황이었다. 그렇게 30분 정도를 달려 친구들은 나를 고속도로 중간에 있는 휴게소에 내려줬다.

"보통 리옹으로 가는 차들이 이 휴게소에 있는 주유소에서 기름을 많이 넣어. 그러니까 여기서 리옹으로 가는 차를 잡기가 더 쉬울 거야!"

짧은 시간의 만남이었지만 큰 도움을 준 에비앙과 다른 친구(이름이 어려워서 기억이 안 난다)에게 감사 인사를 전했다.

완전한 성공은 아니었지만 다시 용기가 생겼다.

'그래 이대로만 하면 리옹까지는 갈 수 있을 거야! 힘내자!'

혼자 전의를 다지며 다시 히치하이킹을 시도했다. 그러나 시간이 지날수록 느낌이 좀 쎄했다. 생각보다 차들이 많지 않았다. 그때부터 불안한 마음이 생기기 시작했다.

'아까 그 친구들, 나를 골탕 먹이려고 일부러 이런 곳에 내려준 건가?'

프랑스는 인종 차별이 심한 나라 중에 하나로 알려져 있기에 괜히 불신의 마음이 커져만 갔다. 노심초사하며 오매불망 나의 구세주를 기다리던 시간이 한 시간 정도 흘렀을까, 갑자기 차 한 대가 스르르 내 앞에 섰다. 창문이 내려가고 인상 좋은 형님이 나에게 물었다.

"너 리옹으로 가니?"

"응! 맞아!"

"그래? 그럼 타! 리옹으로 가자!"

"Oh my god!!!!!!!!!!!!!!!!!!!!!!!!!!!!@#@!#@#!@#%$·%"

나도 모르게 얼마나 크게 환호성을 질렀던지, 기름을 넣던 사람들이 다 쳐다보았다. 심지어 그 차에 타고 있던 여자아이 두 명도 웬 동양인 아저씨가 저렇게까지 기뻐하나 의아해하는 표정으로 나를 뚫어지게 쳐다보았다. 인상 좋은 아저씨는 차에서 내리더니 조수석에 있던 짐들을 주섬주섬 트렁크에 집어넣었다. 뒤에 있던 딸들에게도 상황을 설명하는 듯한 말을 했고, 두 딸은 그제야 날 보며 환하게 웃어주었다. 그렇게 나는 세 시간 반 만에 파리에서 리옹으로 가는 차를 잡을 수 있었다.

인상 좋은 형님의 이름은 앤드류. 수학 선생님인 앤드류는 두 딸과 함께 노르망디에 다녀오는 길이었다. 앤드류의 영어 실력은 내가 본 프랑스인 중에는 잘하는 편이어서 심심하지 않게 이야기를 하며 리옹으로 올 수 있었다. 리옹에 도착해서도, 자기 집 앞을 지나쳐 꽤 멀리까지 가서 내가 목적지로 가기에 편한 역까지 데려다주었다. 앤드류 덕분에 나의 첫 히치하이킹을 성공적으로 마무리할 수 있었다.

도둑맞은 나흘, 행복했던 나흘

●

리옹에 온 이유는 단지 바르셀로나로 가기 위한 히치하이킹을 하기 위해서였다. 리옹을 둘러보거나 오래 머무를 생각은 추호도 없었지만, 정신을 차려보니 어느 새 리옹은 나의 나흘이라는 시간을 눈 깜짝할 새 가져가 버렸다.

리옹에 도착하고, 바로 다음날 나는 바르셀로나로 떠날 계획을 가지고 있었다. 그래서 하루는 리옹에 머물러야 했다. 리옹에서도 카우치 서핑을 하려고 시도했다. 그러나 호스트들로부터 돌아온 답은 '미안하다'라는 답뿐이었다. 나는 인터넷으로 리옹에 있는 한인 교회에 대해 검색을 해보았다. 다행히 한인 교회에 대한 정보가 있어 혹 도움을 받을 수 있을까 하여 교회에 연락을 드렸다. 선교사님은 감사하게도 와서 하룻밤을 자고 가라고 흔쾌히 말씀해주셨다.

'나는 복도 많지'

감사하는 마음으로 선교사님과 만나기로 한 장소에 갔다. 거기서 선교사님과 연진이와 서영이를 만났다. 연진이는 몇 년 전에 리옹에서 유학을 하면서 선교사님 댁에서 지냈었다. 우리가 만난 당시엔 프랑스 다른 지역에서 공부를 하고 있었는데, 방학을 맞아 잠시 선

교사님 댁을 방문한 것이었
다. 서영이는 아프리카 우
간다에 계시는 선교사님의
딸이었다. 미국에서 공부
를 하다가 나처럼 유럽 배
낭여행을 하는 도중에 리옹
에 잠시 들른 것이었다. 각
자 다른 곳에서, 다른 스토
리를 가지고 살아가던 세 사람이 리옹에서 딱 만난 것이다. 나는 예
기치 못했던 만남에 잠시 멈칫했지만, 언제나 그랬듯 반갑게 인사를
하고 다 같이 선교사님 댁으로 갔다. 선교사님은 나와 서영이를 그
날 처음 보셨지만 마치 몇 번은 본 것 같은 편안함과 인자하심으로
우리를 대해주셨다. 거기다 나의 최애 음식인 떡볶이와 냉면으로 저
녁 식사를 대접해주셨다. 맛있는 음식과 함께 담소를 나누다 보니
날은 금세 저물었고, 나는 다음날 오전에 바르셀로나로 출발하기 위
한 체력 비축을 위해 교회로 가서 잠을 청했다.

다음날 아침, 하늘의 벽이 깨진 듯 비가 억수같이 쏟아졌다.
'하…! 히치하이킹 해야 되는데 비가 오네. 어떡해야 하지?'
걱정을 한가득 안고 선교사님 댁에 둔 짐을 가지러 갔다. 선교사
님께서 아침을 준비해주셔서 같이 먹고 있는데, 선교사님께서 말씀
하셨다.

"비도 오는데 하루 더 있다가 가는 건 어때? 오후엔 비가 그칠 테니 리옹에 온 김에 리옹도 한 번 둘러보고 가면 좋을 것 같아!"

찝찝하고 불편하겠지만 비가 오는 날 히치하이킹을 해보는 것도 나쁘지 않을 경험이라는 생각이 듦과 동시에, 굳이 사서 고생을 할 필요가 있을까 하는 두 가지 생각이 머릿속을 맴돌았다. 또 예기치 못하게 하루를 더 머무는 것이 실례라는 생각이 계속 들어서 고민이 되었다. 그때 마침, 리옹에서 유학을 했던 연진이가 자처해서 리옹 가이드를 해주겠다고 했다. 결국 고민을 하다가 그럼 하루 더 머물러도 되는지 선교사님께 여쭈었고, 선교사님은 오늘은 물론이고 더 있고 싶으면 언제든지 있다가 원할 때 떠나라며 너그러이 양해해주셨다.

그렇게 시작된 리옹 여행! 리옹을 둘러보지 않고 그냥 왔다면 후회가 막심했을 만큼 예쁘고 감각적인 도시였다. 여행을 기대하지 않았던 도시여서 더 만족스러웠던 거 같다. 나와 연진이와 서영이는 죽이 잘 맞았다.

성격 좋은 두 친구 덕분

선교사님 부부와 연진, 서영이와 함께!

지금 보이는 사진은 벽화이다!!!! 두둥!!!

에 우리는 쉴 틈 없이 웃어대며 리옹 시내를 헤집고 다녔다. 알고 보니 세기의 소설로 불리는 '어린왕자'의 저자로 유명한 생텍쥐페리의 고향이 리옹이었다. 그 외 리옹은 많은 문학 작가들을 배출해낸 유서 깊은 문화의 도시였다. 평소 책을 많이 읽지는 않지만 문학을 좋아하는 사람으로서 굉장히 의미 있었던 여행이었다. 우리는 신나게 리옹 시내를 잘 둘러보고 집에 돌아와 저녁을 먹고 같이 영화도 보며 즐거운 시간을 보냈다. 다음날은 일요일이었고, 나는 일요일 하루를 더 머물고 월요일에 출발하기로 했다. 오랜만에 일요일에 교회에 가서 예배도 드리고, 교회 분들과 함께 교제를 나누며 시간을 보내니 여러모로 다음 여정을 위한 힐링과 채움을 받는 시간이었다.

월요일 아침, 마음 같아서는 일주일도 더 있고 싶을 만큼 너무 좋았지만 이제는 진짜 떠나야만 했다. 가식 없이 정말 진심으로 나를 챙겨주시고 거두어주신 선교사님 가정과 연진, 서영이의 은혜에 두 번 세 번 감사를 표하고는 다음에 다시 만날 날을 기약하며 집을 나섰다.

집을 나서던 그날, 햇살은 따사로웠다. 밝고 따뜻하게 나를 비추던 햇살은 며칠간 받은 '섬김'을 다시 한 번 느끼게 했다. 동시에 나 또한 그렇게 누군가를 섬길 수 있는 사람이 되기를 기원하게끔 만들었다. 짊어진 20㎏ 백팩과 기타는 그 따스함에 녹아 무게를 상실한 듯 가벼웠고, 덕분에 히치하이킹을 하러 가는 발걸음은 경쾌했다.

실패, 그로부터 온 성공보다 더 귀한 시간

●

    첫 히치하이킹을 무사히 순조롭게 성공한 나는 승리감에 한껏 취해있었다. 생각보다 쉽다고, 오늘도 금세 성공하겠다며 자신감에 찌들어 있는 몸을 안고 고속도로 초입으로 갔다. 역시 신은 자만하는 자에게 고난을 준다고 했던가. 나의 바르셀로나행 히치하이킹은 삐걱거리기 시작했다. 한 시간, 두 시간…. 시간은 다음날 출근을 앞둔 일요일처럼 금세 지나갔다. 더운 날씨에 계속 서서 히치하이킹을 시도하다 보니 얼굴은 계속 타고 있었고, 가져온 물통은 점점 바닥을 보이고 있었다. 나는 사막 한가운데 있는 사람처럼 비장하게 스스로에게 다짐했다.

    '저 물이 떨어지면 난 죽는 거야. 물이 다 떨어지기 전에 빨리 차를 잡아서 바르셀로나로 넘어가자!'

    하지만 지나가는 차들은 야속하게도 나의 간절함을 알아보지 못한 듯, 단 한 대도 멈추지 않고 쌩쌩 달리기 일쑤였다. 플래카드를 들고 서 있으면 지나가던 운전자들이 경적을 울리며 응원해주기도 하고, 운전석에서 주먹을 쥐며 힘내라는 제스처를 지어주거나 손을 흔들며 격려를 많이 해주었다. 그런데 딱 한 명, 중동 남자 한 명이 지나가면서 나에게 손가락 욕을 하는 것이었다. 안 그래도 더워서 힘든데 그런 욕을 먹으니 열이 받았고, 나는 쌍 손가락 욕으로 되갚아 주었다. 어느새 5시간이 흘러있었다. 하지만 단 한 대의 차도 서지 않아 망연자실하며 무기력하게 서 있었다.

그때! 한 차가 내 앞을 지나서 가더니 갑자기 저 앞에서 멈추는 것이었다. 나는 미친 듯이 기뻐 차를 씹어 먹을 기세로 부리나케 달려갔다. 창문 앞에 서서 영화 '슈렉'에 나오는 고양이의 초롱초롱한 눈을 하고 창문이 내려가길 기다리고 있었다. 창문을 내리며 인상 좋고 덩치 큰 프랑스 형님이 말했다. 바르셀로나로 가는 건 아니지만 고속도로 중간 휴게소에 내려줄 테니 거기서 잡으면 더 잘 될 거라고. 파리에서 리옹으로 올 때처럼 똑같은 방법을 제시한 것이다. 하지만 선뜻 수락하기가 쉽지 않았다. 그때는 대낮이라 가능했지만 지금은 이미 저녁이 다 되어가는 시간이었기 때문에 만약 실패하게 되면 하룻밤은 꼼짝없이 휴게소에 갇혀 노숙을 해야 할 판이었다. 이차저차 상황을 설명하니 형님은 대답했다.

"만약 히치하이킹에 실패하면 내가 다시 데리러 올게. 우리집에서 하루 자고 내일 또 시도해봐."

감동의 쓰나미는 내 심장을 강타했다. 이렇게 고마울 수가!
'그래, 일단 여기보다는 휴게소가 성공할 확률이 높으니까 일단 가자!'

나는 고맙다는 인사와 함께 차에 탔다. 형님의 이름은 리오넬. IT 회사에서 일하고 있었다. 나도 짧은 소개를 하고, 여행하는 이야기들을 나누다 보니 어느새 휴게소에 도착했다. 내릴 때 리오넬은 명함을 하나 주며 말했다.

"이거 내 번호야. 만약 성공하면 성공했다고 메시지 하나만 보내줘! 그리고 실패하면 부담 갖지 말고 전화해!"

나는 형님의 진심에 감동했고, 큰 힘을 얻을 수 있었다. 그리고 다시 히치하이킹을 시도했다. 그렇게 2시간이 지났고, 총 7시간의 히치하이킹 시도에도 불구하고 결국은 실패를 했다. 날은 어느새 어두워져 있었다. 나는 리오넬에게 전화를 걸었고, 리오넬은 20분도 안 되어서 나를 태우러 휴게소로 다시 왔다. 그렇게 나는 리오넬의 집에서 하루를 보내게 되었다. 형수님 '셀린'은 아주 밝은 미소와 함께 나를 맞아주었다. 세 아이를 키우는 리오넬 부부는 지금 아이들이 방학이라 할머니 집에 가 있다며 오랜만에 집에 평화가 찾아와 너무 좋다며 기쁜 마음을 마음껏 표출했다. 개구쟁이 아이들이 잠시 집을 비웠을 때 부부에게 찾아오는 자유와 기쁨은 동서고금을 막론하고 똑같다는 것을 볼 수 있었다. 우리는 여행 이야기를 하며, 그리고 삶을 나누며 따뜻하고 배부른 저녁 시간을 보내었다.

다음날 또 히치하이킹을 시도할지 그냥 버스를 타고 바르셀로나로 갈지 고민이 되었다. 다음날도 실패하면 여행의 맥이 빠질 것 같

았다. 곰곰이 생각해보아도 아직 히치하이킹을 할 기회는 많았기 때문에 너무 무리하지 말자는 생각으로 버스를 타기로 결정을 하고는, 리오넬에게 버스 터미널로 가는 방법을 물었다.

리오넬은 자기가 터미널로 데려다 줄 테니 걱정 말고 오늘 고생했으니 푹 자라는 말로 질문의 답을 대신했다. 다음날 아침, 6시간도 채 안 되는 시간을 함께 보낸 '셀린'과 아쉬운 작별 인사를 하고 리오넬과 터미널로 출발했다. 터미널에 도착한 뒤 태워다줘서 고맙다고 이제 가보라고 했지만, 리오넬은 버스를 타는 플랫폼까지 같이 가주겠다며 끝까지 나를 호위해주었다. 플랫폼에 도착해서 우리는 뜨거운 포옹과 함께 서로에게 행운을 빌어주며 아쉬운 이별을 고했다.

'호의'는 이상 속에선 베풀기 쉽고, 현실 속에선 베풀기 어렵다. 그래서 '이상'을 현실로 살아내는 사람들이 참 멋진 것이다. 히어로는 멀리 있거나 마블 영화 속에만 존재하는 것이 아니었다. 친절을 베풀고 도움을 주는 것이야말로 우리가 일상 속에서 누군가에게 히어로가 되는 방법임을, 나의 히어로인 리오넬 부부를 통해 깨달을 수 있었다. 요즘도 문득 생각나는 리오넬 부부와 사랑스러운 아이들에게 행복만 가득하길 진심으로 기원한다.

01 인내심이 가장 중요하다

히치하이킹 성공은 순전히 100% 운으로 되는 것이다. 나는 그저 가는 목적지를 표시한 플래카드를 들고 있을 뿐, 성공을 위한 아무런 시도를 할 수 없다. 나를 태워줄 사람이 나타나는 것만이 성공할 수 있는 유일한 방법이다. 히치하이킹 경험을 해본 바 성공하기까지 평균 4시간 정도 소요되었다. 최소 4시간은 기다릴 각오를 하고 히치하이킹을 시도해야 한다.

02 내가 지을 수 있는 가장 큰 미소를 지으며 웃어라

본인이 운전하고 가는 사람이라고 가정해보자. 히치하이킹을 해달라고 하는 사람의 표정이 어둡거나 생기가 보이지 않으면 태워주고 싶어도 선뜻 두려워지거나 멈칫할 것이다. 그러니 시종일관 웃으며 '나는 위험한 사람이 아니에요!'라는 분위기를 내비쳐야 드라이버에게 좋은 이미지를 줄 수 있을 것이고, 드라이버가 안심하고 태워줄 확률이 높을 것이다.

03 계획을 세워라

개인적으로 아무 계획 없이 '나는 무조건 성공할 거야!'라는 생각으로만 히치하이킹을 하는 것을 추천하지 않는다. 풍족한 재정이 있음에도 히치하이킹을 시도한다면 계획이 없어도 문제가 되지 않는다. 하루 종일 해서 실패하면 근처에 있는 호스텔에 가서 자거나 다음날 버스든 기차든 타고 원하는 시간에 목적지로 갈 수 있으니까. 그러나 나처럼 풍족치 못한 재정으로 히치하이킹을 한다면 실패했을 시 계획도 구체적으로 마련을 하면 좋을 것이다. 예를 들어 히치하이킹을 하는 곳에서 저렴한 호스텔까지의 거리를 알아보는 것. 실패했을 시 버스나 기차를 이용할 거라면 어느 시간대가 가장 저렴한지 등등. 그래야 불필요한 지출을 최대한 줄일 수 있다.

04 플래카드는 '무조건' 만들어라

히치하이킹을 하다 보면 같은 거리나 반대편에서 나처럼 히치하이킹을 시
도하는 사람들을 볼 수도 있다. 그리고 플래카드 없이 손으로만 히치하이
킹을 시도하는 사람들도 종종 본다. 개인적으로 그렇게 하면 성공 가능성
이 거의 없다고 생각한다. 손으로만 그렇게 태워달라고 표시를 한다면 드
라이버 입장에선 그 앞에 멈춰서 어디로 가는지 물어보아야 한다. 그것도
드라이버 입장에서는 귀찮은 일이고 굳이 그렇게 물어 볼 필요도 없다. 그
래서 확실하게 목적지를 표시한 플래카드를 들고 있으면 저 사람이 어디로
가는지를 확실히 아니까 태워줄 수 있는 사람은 앞에 차를 멈추고 이렇게
말할 것이다.

"Let's go!"

05 플래카드는 박스로 만들어라

히치하이킹을 하는 사람들을 보면 다양한 형태의 플래카드를 많이 가지
고 다닌다. 매번 박스를 구하기가 힘드니까 비닐 파일 하나를 들고 다니면
서 A4 용지에 목적지를 크게 써서 할 때마다 매번 갈아 끼워서 표시를 하
는 사람들도 있다. 가볍고, 비가 와도 많이 젖지 않는 게 장점이지만 크기
가 않아서 운전자들이 보기에 조금 어려움이 있을 수 있고, 한 손으로 들고
있기엔 빳빳하지가 않아 힘들다. 그러나 큰 박스를 구해서 잘 만든다면 운
전자들이 멀리서도 쉽게 볼 수 있어서 좋다. 비가 와도 폭우가 쏟아지지 않
는 이상은 견딜 만하다. 그리고 한 손으로 들고 있어도 빳빳하게 잘 고정이
되기 때문에 두 손으로 번갈아 들고 있으면 체력 비축에 도움이 많이 된다.
(일반 과자, 라면 박스처럼 얇은 박스는 비추. 과일 박스나 코팅되어 있는 박스처럼
두꺼운 박스를 사용해야 한다. 그리고 매직 두 개 정도는 항상 가지고 다니자.)

06 한 번에 목적지로 가는 것보다 두 번 나눠서 가는 게 좋을 수도 있다

이 부분은 본인이 지금 있는 곳에서 목적지까지 얼마나 걸리느냐에 따라 다르다. 나의 경우, 프랑스 파리에서 스페인 바르셀로나로 갈 때, 파리에서 바로 바르셀로나로 간다면 10시간은 넘게 걸리는 거리였다. 그렇게 10시간을 운전해서 한 번에 다니는 사람들은 잘 없기 때문에 나는 중간에서 갈아타기로 했고, 파리와 바르셀로나의 중간 지점인 리옹으로 갔던 것이다. 지금 있는 곳과 목적지 사이에 큰 도시가 있다면 그곳으로 가서 한 번 다시 시도하는 게 좋을 수도 있다.

07 고속도로 초입으로 가라

어쩌면 히치하이킹에서 가장 중요한 것은 히치하이킹 포인트일 것이다. 히치하이커들은 보통 '히치하이킹 맵스'라는 어플을 많이 이용한다. 나도 처음엔 그 어플을 통해 히치하이킹 포인트를 찾아보았는데, 개인적으로 느끼기에 생각보다 설명이 어렵고, 스팟을 정확히 찾기가 힘들었다. 그래서 나는 나만의 방법으로 포인트를 체크해서 다녔다.

① 구글맵을 통해서 지금 있는 곳과 목적지로 가는 길을 검색한다. ② 차로 가는 길을 본다. ③ 한국에서도 그렇듯 다른 도시로 갈 때는 당연히 고속도로를 통해서 가기 때문에, 차로 가는 길을 쭉 보면서 고속도로 초입부를 찾는다. ④ 찾으면 그 근처의 큰 빌딩을 찾고, 대중교통으로 어떻게 가는지 알아본다. ⑤ 큰 빌딩으로 가서 주변 사람들에게 고속도로 초입부가 어디 있는지 물어보고 거기로 간다. ⑥ 히치하이킹을 시도한다.

개인적으로 히치하이킹을 한 번쯤은 시도해보는 것을 추천한다. 한국에서는 많이 경험해볼 수 없는 경험이라 더 추천한다.

스페인의 물가는 저렴했다. 아마 다녀본 유럽 국가 중에 가장 저렴하지 않았나 싶다. 삼겹살이 600g에 2유로였다. 프랑스에서 똑같은 걸 사먹었을 때 4.5유로로 했던 걸 생각하면 특히 고기류가 정말 저렴했던 것 같다. 그래서 호스텔에서 처음으로 혼자 삼겹살을 사서 구워먹었는데, 포만감은 물론 정말 꿀맛이었다.

바르셀로나의 구엘공원, 카사바트요

수염 난 천사들을 만나다

●

바르셀로나 여행을 마치고 마드리드로 가는 히치하이킹을 하기 위해 오전에 잠을 푹 자고 점심을 먹고 호스텔에서 나왔다. 푹 쉬었는데도 뭔가 모르게 몸이 피곤했다.

'하… 나도 나이가 든 건가. 예전 같았으면 한 시간을 자고 나와도 쌩쌩했는데….'

혼자 푸념을 늘어놓으며 나의 최애 히치하이킹 장소인 고속도로 초입으로 출발했다. 나는 고속도로 초입에 도착하고는 깜짝 놀랐다. 그 넓은 5차선 도로에 차가 거의 없는 것이었다. 오전에는 차가 많이 없는 걸 알아서 일부러 오후에 나왔는데도 생각만큼 차가 많이 없었다. 아까 몸이 찌뿌둥했던 이유가 이 때문이었던가. 좌절을 할 뻔 했지만 언제나 그래왔듯,

"야 최상민 장난해? 이 정도에 쫄아가지고 뭘 하겠냐? 이럴 거면 짐 싸서 그냥 한국으로 돌아가 이 자식아. 오늘은 성공한다! 흐아!"

혼잣말을 하며 마음을 굳게 먹었다.

전쟁에 나가는 군인의 정신으로 무장하고는 나의 무기인 마드리드(MADRID)가 적힌 플래카드를 들고 당당히 5차선 끝에 서서 히치

하이킹을 시작했다. '그래 오늘 6시간만 해보고, 안 되면 야간 버스를 타고 넘어가자!'라고 생각하니 조금은 마음이 편해졌다. 그렇게 히치하이킹을 시작한 지 한 시간도 채 안 지났는데 갑자기 준중형차(아반떼 사이즈) 한 대가 내 앞으로 비상 깜박이를 켜고 서서히 다가오는 것이었다. '어 뭐지?' 나는 내 눈을 의심했다.

'나 시작한 지 한 시간밖에 안 됐어. 왜 이래? 이러지마 나 설레.'
또 혼잣말을 하며 (진짜 혼잣말을 했다. 히치하이킹을 하며 혼자만의 대화가 많이 늘었다) 반가운 마음에 차로 달려갔다. 차는 내 앞에 멈추었고, 창문이 스르르 내려갔다. 나는 "마드리드?" 딱 한 단어로 물었다. 사실 마드리드까지 바로 가면 좋겠지만 바르셀로나와 마드리드의 중간 도시인 '사라고사'까지만이라도 가면 좋겠다고 생각했다. 그러나 그 안에서 들려온 말.

"Let's go Madrid!"

"오오오오옹~~~~ 마맘잉마마이마얼멍림녕~~~~~ 오 마이 갓!"
한 시간도 안 됐는데 히치하이킹을 성공하다니. 이것은 기적이었다. 그때만 해도 나는 그 차에 몇 명이 타있는지 파악도 못했고 마드리드까지 간다는 사실에 흥분해 있었다.

　'Gracias (스페인어로 감사합니다.)'를 연신 외쳐대고는 주섬주섬 차에 실을 짐을 챙기는데, 차에서 건장한 남정네 네 명이 아주 환한 미소와 함께 내리는 것이었다. 우리는 마치 전에 본 적이 있는 사이인 듯 정답게 인사를 나누었다.

　그런데 생각해보니 준중형 차에 5명이 타고 간다고? 너무 좁을 텐데 하는 생각이 들었다. 내가 불편해서가 아니라 나를 태워주는 이 친구들이 걱정이 되었다. 일단 바르셀로나에서 마드리드까지는 차로 7시간이나 걸리는 꽤 긴 여정이었다. 차는 경차보다 크고 중형차보단 작은 사이즈라 4명이서 가는 게 딱 적당했다. 그러나 이 친구들은 불편함을 감수하면서까지 나를 거두어주기로 한 것이었다. 매우 고맙기도 하고 한편으로는 미안한 마음에 진짜 괜찮냐고 물어보았지만, 그런 생각은 하지도 말라며 이미 자기네들끼리 내 짐을 들어 차로 가져가고 있었다.

　프랑스 남부를 여행하고 고향인 마드리드로 돌아가던 이 친구들의 차는 이미 꽉꽉 차있었다. 트렁크에는

자기들의 여행 친구라며 작은 화분 피규어를 들고 좋
아하는 사진

이미 자리가 없어서 뒷 자
석 중간 자리에도 짐을 싣고
가고 있었지만, 중간에 있던
짐들을 어떻게든 트렁크에
구겨 넣고는 중간에 내 자리
를 만들어주었다. 그리고는
내 짐을 자기네들 무릎에 얹
히고는 가자고 하는 것이었
다. 정말 기가 막힐 정도로
고마웠고, 이들의 환대가 너무 재미있었다. 자기네들끼리 쿵딱쿵딱
자리를 만들고 상의하는 모습들이 참 귀엽게도 느껴졌다. '역시 열정
의 나라 스페인이구만' 하며 나는 중간 자리에 앉았고, 그렇게 우리의
마드리드행 여정이 시작되었다.

물리학을 전공하는 미구엘, 건축학을 전공하는 마르코, 심리학을
전공하는 마리오, 마드리드에서 꽤 유명한 포토그래퍼 캐스타. 이렇
게 총 4명의 친구들은 초등학교 때부터 알아온 죽마고우들이었다.
그래서 죽이 이렇게 잘 맞았던 것이었다. 처음 보는 사람들과 7시간
동안 차를 타고 가는 건 어색하기 십상이지만 우리는 알차고 재미난
시간을 보내었다.

이 친구들이 아시아인을 가까이서 보는 게 처음인 건지, 아니면
혼자 이렇게 히치하이킹을 하며 여행하는 게 신기했는지 나에게 연

신 질문을 해댔다.

'넌 어디서 왔니?', '어떤 여행을 하고 있니?', '한국에선 무슨 공부를 했니?', '어떤 일을 했니?', '북한에 대해서 어떻게 생각하니?' 등등 질문의 깊이와 폭은 넓었다. 나는 격한 관심에 신이 나서 하나도 빠짐없이 답을 해주었다. 그 외에 노래, 영화, 정치, 종교, 문화에 대해 나름 심도 깊은 대화도 했다. 기타를 칠 수 있던 마리오가 나의 기타를 치며 우리는 달리는 차 안에서 함께 노래를 부르며 신나게 달렸다.

그렇게 대화를 하다가 고속도로에서 나를 태우게 된 엄청난 비하인드 스토리를 듣게 되었다. 원래 이 친구들은 2차선에서 마드리드로 가고 있었다. 그러던 중 5차선에서 히치하이킹을 시도하는 나를 보았지만, 바로 5차선으로 끼어들어 나를 태울 수가 없어서 한참 위로 올라가서 유턴을 해서 다시 먼 길을 돌아 나를 태우러 온 것이었다. 이 말을 듣는데 눈물이 핑 돌았다. 이들은 천사임이 분명했다. 수염 난 천사들. 이 놀라운 사실도 모자라 한 가지 더 놀라운 일이 발생했다. 당시 나는 언제 히치하이킹이 성공할지 몰라 아직 숙소를 구하지 않은 상태였다. 그래서 마드리드에 도착하면 지낼 숙소를 차 안에서 핸드폰을 통해 검색하고 있었다. 미구엘이 뭐하냐고 물어보기에 숙소를 알아보는 중이라고 말했다. 그 말을 듣자마자 무슨 소리하는 거냐고, 마드리드에서는 자기네 집에서 지내라고 하는 것이었다. 그리고는 자기네들끼리 스페인어로 막 이야기를 하더니 내일은 본인들이 마드리드 투어를 해주겠다며 가고 싶은 곳이 있느냐고 물어보는 것이었다.

'그만해. 이 수염 난 천사들아. 태워주는 것만 해도 너무 고마운데, 이렇게까지 하면 내 심장이 남아나질 않아!'

나는 정말 괜찮다고, 혼자 다니겠다고 했지만 이 천사들의 열정을 막을 수는 없었다. 7시간은 바람처럼 훅 지나갔고 어느새 우리는 마드리드에 도착해있었다. 피곤했을 친구들은 내색도 하지 않고 같이 미구엘 집으로 올라가 내가 편하게 잘 쉴 수 있도록 계속 챙겨주었다. 그렇게 나는 예기치 못한 만남을 통해 잊지 못할 마드리드의 소중한 추억을 얻게 되었다.

다음날 아침, 우리는 다시 뭉쳤다. 하루아침에 여행 계획이 확 바뀌다니. 얼떨떨하기도 했지만 이것이 자유 여행의 진정한 묘미였다. 솔직히 말하면 마드리드는 그리 매력적인 도시는 아니었다. 다른 유럽의 도시들에 비해 지나치게 평범한 느낌이었지만, 친구들과 함께 이야기를 하며 다니니까 더 재미있고 지루하지가 않았다.

우리는 점심으로 '마드리드'에서만 먹을 수 있다는 오징어 샌드위치를 먹었다. 바게트 안에 동그란 오징어 튀김을 넣어주는 이 샌드위치는 다소 평범해 보이는 비주얼이지만 진짜 맛있었고, 개당 3유로로 가격도 나름 괜찮았다.

샌드위치를 먹으면서 이야기를 나누다가 알게 된 재밌는 사실 하나. 스페인의 점심시간은 보통 3시, 저녁 시간은 10시라고 했다. 한

국은 보통 12시에 점심을 먹고 7시에 저녁을 먹는다고 하니 진짜냐고 까무러치며 놀라는 것이었다.

'나는 너네가 더 신기해'

이유를 물어보니 중간중간 간식을 많이 먹는다고 했다. 그러면 저녁을 10시쯤 먹고 잠은 언제 자냐고 하니까 11시나 12시에 바로 잔단다. 놀라운 스페인의 문화. 참 흥미로웠다. 나는 친구들의 헌신과 노고에 감사해서 한식으로 저녁을 대접하기로 했다. 고추장이나 간장, 참기름만 있으면 대부분의 한식이 가능하지만 그 재료들이 없었기 때문에 최대한 간단하고 한국스러운 음식을 만들어주어야 했다. 아시안 마트에 들러 재료를 보며 고심한 결과, 카레와 미역국 그리고 불닭볶음면을 만들어주기로 했다. 매운 것을 좋아한다는 친구들의 이야기를 듣고 카레는 매운맛으로 결정했다. 한식 같지도 않은 한식이었지만 친구들은 신기하다며 몇 명의 친구를 집으로 더 불렀고, 나는 오랜만에 혼을 불태워 요리를 했다. 음식이 준비되고 저녁을 먹기 시작했다. 사

실 카레 매운맛은 미친 듯이 매운 편은 아니다. 매운 걸 잘 못 먹는 나도 맛있게 잘 먹기 때문이다. 그러나 친구들은 한국인의 매운맛을 과소평가한 듯했다. 카레를 한 입 먹자마자 너무 맵다며 난리를 치는 것이었다. 우유와 물을 달라고 부르짖으며 한바탕 난리가 났다.

나의 미역국도 인기가 꽤 많았다. 미역국은 국 중에 요리하기 비교적 쉬운 국이기도 했고, 며칠 뒤면 나의 생일이었기 때문에 끓인 것이었다. 생일날 미역국을 끓여먹는 이유를 설명해주니 다들 신기해하면서 맛있게 먹었다. 소고기, 멸치, 참기름 등 여러 가지 재료가 있었다면 더 맛있었을 테지만 오직 미역, 간장, 소금으로만 맛있게 끓인 나의 천재적인 요리 실력이 빛을 발하는 순간이었다.

그리고 대망의 불닭볶음면. 맵다는 이야기를 안 하고 한국에서 유명한 라면이니까 먹어보라고 권유하니 좋다고 먹기 시작했다. 그 후 전쟁이 시작되었다. 한 명은 울고, 한 명은 얼음을 입에 털어 넣고, 한 명은 혀를 잘라야겠다고 발악하고…. 고통 속에 울부짖는 현장은 보

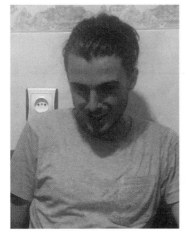

불닭볶음면을 처음 접한 이들의 표정을 보라. 내가 다 맵다.

기에 참담했다. 역시나 불닭볶음면의 매움은 세계적인 명성을 가지기에 충분했다. 저녁을 먹은 뒤 우리는 집 앞 놀이터로 나가 기타와 카혼을 연주하고 노래를 부르며 신나는 시간을 보내었다. 아무 걱정 없이 주어진 시간을 마음껏 즐기는 여유가 좋았던 밤이었다.

다음날, 포르투갈로 떠날 시간이 다가왔다. 3일이라는 짧은 시간이었지만 우리에게는 깊은 연대감을 가지기엔 충분한 시간이었다. 우리는 진한 포옹을 하고 시답잖은 농담을 주고받으며 헤어지는 아쉬움을 표현했다. 나로 인해 한국에 관심이 많아진 친구들은 언젠가 꼭 한국을 방문하겠다고 약속했다. 그들의 표정과 말투에서 인사치레로 하는 말이 아님을 단번에 알아차릴 수 있었다.

나는 요즘도 이 친구들과 한국에서 조우해 한국의 멋진 곳을 데려다주는 상상을 한다. 상상이 현실로 되는 그날이 한시 빨리 오기를.

마르코가 그려준 나. 나…??

고속도로에서 잠깐 쉴 때 찍은 사진. 누군가가 말했다. 최소 '앨범 자켓 사진'이라고.

지금 나의 여정은 때론 나를 부끄럽게 만든다.

나라를 옮겨 다닐 때마다 그곳에서 나는 나그네요, 이방인이다.

그런 나를 본 지 얼마 안 된 사람들이 고작 몇 분의 대화를 통해

나를 알아봐주고 '베풂'과 '도움'을 끊임없이 준다.

아무 '조건' 없이.

나는 어떠하였는가.

나름 도움이 필요한 상황을 직면했을 때

도움을 주려고 노력한 것 같지만

내가 받은 만큼의 '대접'과 '도움'은 주지 못했던 것 같다.

참 아쉽기도, 부끄럽기도 하다.

'조건' 없는 베풂이 점점 어려워지는 이 시대에

멋진 사람들을 만나 그로부터 선한 영향을 받는 것은 행운이다.

또 다짐한다. 받은 만큼 주는 사람보다

받은 그 이상을 주는 사람이 되어야지.

마드리드 근교에 있는 '세고비아'. 멋드러진 수도교와 디즈니 로고의 모티브가 된 '알카사르성'은 예술이었다.

아름다운 포르투

포르투 여행은 처음부터 아주 아찔하게 시작했다. 나는 포르투 터미널에 저녁 8시 20분쯤 도착했다. 그때는 카우치 서핑을 구하지 못해서 호스텔을 예약해놓은 상태였고, 천천히 여유를 누리며 터미널에서 호스텔로 걸어갔다. 9시가 좀 넘어서 호스텔에 도착을 했다. 그런데 알고 보니 이 호스텔은 9시까지 체크인이었고 9시가 넘으면 직원이 퇴근을 하는 호스텔이었던 것이다. 보통 호스텔은 24시간 체크인이고, 간혹 밤 12시까지, 정말 빨라야 밤 10시에 마감을 하는 호스텔들이 있다. 그래서 나는 당연히 시간적 여유가 있을 거라 생각하고 이 호스텔의 체크인 시간을 확인하지 않았던 것이다. 직원이 설명을 해주는데, 자기는 항상 칼퇴근을 하는 사람이지만 그날따라 할 일이 좀 남아서 리셉션에 있었고, 그 때문에 나는 정말 운 좋게 체크인을 할 수 있었다는 것이다. 하마터면 꼼짝없이 노숙을 했어야 할 판이었다.

'역시, 인생은 타이밍이다!'

감사한 마음과 함께 앞으로 포르투 여행에는 운이 따르겠구나 하는 생각이 들었다.

포르투는 리스본보다 훨씬 매력적이었다. 왜 사람들이 포르투, 포르투 하는지 알 수 있었다.

말로 자세하게 설명하기는 힘들지만, 도시의 분위기가 정말 좋았다. 곳곳에 위치한 옷이나 쥬얼리를 파는 샵부터, 엄청나게 큰 쇼핑몰에서도 뭔가 세련된 느낌을 받을 수 있었다. 상벤투스 역에 있는 타일들로 도배된 그림들과 동루이스 다리가 기가 막힐 듯이 멋있었다. 특히 동루이스 다리를 보면서 넋을 잃었다. '저 다리를 어떻게 지었을까?' 하는 생각이 저절로 들 정도로 생각보다 웅장하고 거대한 다리였다. 동루이스 다리는 에펠탑과 굉장히 유사한 철골 구조물이었는데, 알고 보니 에펠(에펠탑을 만든 사람)의 제자가 만든 다리였다.

렐루 서점 또한 강한 인상을 주었다. 영화 '해리포터'에 나오는 움직이는 계단의 모티브가 되었으며, 해리포터의 저자인 J.K 롤링이 2년 동안 일을 했다는 서점이 바로 이 렐루 서점이었다. 사람이 너무 많아서 제대로 둘러보지는 못했지만 해리포터를 목숨처럼 생각하는 나로서는 너무나 뜻깊은 방문이었다.

개인적으로 포르투 여행의 정점은 레카 수영장이었다. 바다 바로 앞에 있는 수영장인데, 너무나도 아름다웠다. 날씨만 좋았어도 하루 종일 있으면서 수영과 해수욕을 하고 싶은 곳이었다. 공교롭게도 내가 갔던 날은 바람도 많이 불고 평소보다는 쌀쌀한 날씨여서 오래 있지는 못했지만, 다시 꼭 오겠다고 두 번 세 번 다짐을 했다. 나는

동루이스 다리

레카 수영장

카르모 성당

렐루 서점

포르투에서 세비야로 갈 버스를 이미 예약을 해놓은 상태여서 포르투에서 1박을 했는데, 정말 무지했던 선택이었다. 최소 2박은 해야 포르투를 제대로 둘러봤을 텐데. 그러나 여행에는 아쉬움이 있어야 다시 그 나라로 온다고 했던가. 제대로 포르투를 느껴보지 못한 '아쉬움'과 다시 포르투로 오게 될 '기대감'을 안고 스페인 세비야로 가기 위해 버스 터미널로 출발했다.

그때까지는 꿈에도 몰랐다. 포르투갈의 악몽이 시작될 줄은….

악몽의 시작

•

내 버스는 포르투에서 리스본, 리스본에서 세비야로 가는 루트였다. 그래서 리스본에서 버스를 한 번 갈아타야 했다. 나는 ALSA(스페인 버스) 버스를 이용했는데, 이 회사의 버스 티켓에는 영어가 없었다. 그래서 일일이 정보를 주변 사람들에게 물어봐야만 했다. 리스본 터미널에 내려서 나는 기사 아저씨에게 티켓을 보여주며 이 정류장이 세비야로 가는 버스를 타는 터미널이 맞는지 물었고, 기사 아저씨는 맞다고 했다. 하지만 뭔지 모를 꺼림칙한 느낌이 들었다. 나는 티켓 창구, 지나가는 사람 총 2명에게 한 번 더 물어보았지만 다여기가 맞다고 했다. 3명 모두가 맞다고 하니 나는 완전히 의심을 버린 채 버스를 기다리고 있었다.

시간이 지나 시계를 보니 버스 출발 예정 시간인 22시가 다 되어가고 있었다. 이때쯤이면 보통 버스의 번호와 목적지가 전광판에 떠야 되는데 왜 안 뜨나 했지만 가끔씩 정보가 늦게 뜨는 경우가 있어서 일단 기다렸다. 그러나 시간이 계속 흐를수록 버스의 정보가 뜨지 않는 것이었다. 슬슬 불안해지기 시작했고, 터미널의 공기는 싸늘해져 가는 듯했다.

출발 시간 20분 전, 나는 역 앞에 있는 경찰관에게 이 티켓에 나와 있는 정류장이 맞느냐고 물었는데, 경찰관도 역시나 맞다고 했다.

'하… 이거 어떻게 된 거야?'

나는 상황을 설명하면서 혹시 다시 한 번 확인해 줄 수 있냐고 물었다. 그제야 경찰관은 잠시 따라오라고 하더니 근처에 있는 버스기사님에게 물어보는 것이었다. 그리곤 화들짝 놀라는 제스처를 취하고는 그 기사님과 이야기를 하더니 조금 심각한 표정으로 나에게 다가오는 것이었다.

'아, 올게 왔구나… 제발 제발 제발.'

다음 상황이 짐작이 가는가? 역시나 이 터미널이 아니었던 것이다. 나는 이해할 수가 없었다. 어떻게 현지인 4명이 다 모를 수가 있는가. 더 최악의 상황은 이 터미널이 아니라고 확인했을 때는 출발시간 전까지 15분 정도가 남아있었다. 경찰관은 여기서 택시를 타면 10분 안에 진짜 터미널로 갈 수 있으니 빨리 타고 가라는 것이었다. 나는 혼돈의 카오스로 빠져들었지만 판단해야 했다. 머리를 오랜만에 요리조리 굴리기 시작했다.

'지금 택시를 타고 가봤자 차가 조금만 막혀도 제 시간에 도착 못할 거야. 그리고 크고 넓은 터미널에서 내 버스의 플랫폼을 찾는데도 시간이 걸릴 거고. 그럼 버스는 물론이고 애꿎은 택시비만 날리겠지?'라는 확신이 들었고, 그냥 버스를 놓치기로 결정을 했다. 그리고는 빨리 다른 방법을 찾아야겠다는 생각에 버스와 기차 시간표를 보면서 다음 차가 있는지 찾아보았다. 제일 빠른 교통편은 다음날 오전 교통편들이었고, 심지어 가격도 너무 비쌌다. 어떡해야 하나 고민하고 있을 찰나, '블라블라카'가 딱 떠올랐다.

마침 다음날 새벽 5시 40분에 출발하는 차를 찾았다. 가격도 버스의 반값이었고, 시간도 적절해서 이용하지 않을 이유가 없었다. 나는 바로 신청을 했고, 감사하게도 드라이버는 바로 수락을 해주었다. 다행히도 오전에 세비야로 갈 수 있다는 안도감에 기뻤지만 동시에 너무 어이가 없어서 혼자 구성진 욕을 늘어놓으며 스스로를 진정시켰다. 이제 나에게 주어진 미션은 새벽 5시 40분까지 버텨야 하는 것이었다.

TIP

블라블라카란? 쉽게 말해 카 셰어링이다. 내가 지금 있는 곳과 가야 하는 목적지로 검색을 하면 같이 차를 셰어할 수 있는 드라이버의 목록과 가능한 시간이 뜬다. 내가 원하는 조건에 맞으면 나는 그 드라이버에게 연락을 하고, 드라이버가 승낙을 하면 같이 차를 타고 가는 것이다. 물론 돈을 지불하긴 하지만 버스나 기차보다는 저렴하게 갈 수 있다는 장점이 있다. 블라블라카 어플이나 사이트를 통해 신청이 가능하다.

5성급 호텔에서 그것도 공짜로 잠을 자다

그냥 밤을 샐까 노숙을 할까 고민했지만 며칠 전에 노숙을 위해 산요가 매트의 성능도 알아볼 겸 터미널 구석에 매트를 깔고 누웠다.

'그래 이것도 여행의 묘미 아니겠어?'

스스로를 다독였다. 잘 수 있는 공간이 있다는 것 하나만으로도 나는 행복했고 편안했다. '여기서 딱 6시간만 자고 나가면 되겠다' 생각하며 눈을 붙였다. 그렇게 한 시간 정도 흘렀을까. 갑자기 경찰 아저씨가 나를 깨우는 것이었다. 알고 보니 터미널은 12시가 넘으면 문을 닫는 곳이었다.

순간의 분노를 담아내고 싶었다.

꿀잠을 자고 있던 나는, 졸린 눈을 비비며 정말 처량하게 주섬주섬 짐을 챙겨서 역 밖으로 나왔다. 설상가상으로 하필 그날 밤은 그 주에서 가장 추운 날이었고, 한여름 밤임에도 불구하고 밖은 쌀쌀했다. 덜덜덜 떨면서 어디로 가야 하나 둘러보던 중 지하철역을 발견했다. 안으로 들어가 보니 꽤나 큰 지하철역이었고 CCTV가 있는 곳을 찾아서 그 밑에 다시 자리를 깔고 누웠다. (혹시 노숙을 하다가 문제가 생길 수 있기 때문에 CCTV 근처에서 노숙을 하는 게 안전하다.)

'그래, 이젠 좀 편하게 자보자'

그렇게 누워 잠에 빠지려고 하는 순간, '부아아앙' 소리가 인기척 없는 조용한 지하철 상가 안을 가득 채웠다. 그리곤 갑자기 지하철역 안에 셔터가 다 내려가는 것이었다. '뭐야. 여기도 문을 닫는 거야 설마?' 하며 어리둥절하고 있는데, 멀리서 직원이 나를 향해 다가오는 것이었다. 역시나 문을 닫는다고 나가라고 했다. 나는 어쩔 수 없이 다시 짐을 부랴부랴 싸서 밖으로 나왔다.

'야밤에 이게 뭐하는 건지 참ㅋㅋㅋ'

헛웃음이 나왔다. 밖을 나오니 거리는 횅하고, 찬바람만이 나를 반겨줄 뿐 아무도 없었다. 사실 무서울 법도 한 상황이지만, 나는 이렇게 옮겨 다녀야 하는 상황에 짜증이 나서 무섭다는 생각은커녕 어디서 자야 하나라는 생각만 머릿속에 가득했다. 계속 고민하다가 블라블라카를 타야 하는 지점까지 걸어가서 그 근처에서 노숙을 하기로 결정을 했다. 그리곤 그 야밤에 짐을 들고 40분이나 걸리는 거리를 걷기 시작했다.

'혹시나 강도를 만나면 어떡하지? 소리를 질러야 되나? 아님 그냥 짐을 두고 도망가야 하나?'

별 생각을 다하면서 걷다가 문득 옆을 보았는데, 엄청나게 큰 호텔이 있었다. 나는 잠시 걸음을 멈추고 호텔을 바라보았다.

'우와 저기서 하룻밤만 자보고 싶다. 얼마나 좋을까?'

저렇게 우아하고 따뜻한 호텔에서 자는 상상만으로도 그렇게 행복할 수 없었다. 언젠가는 꼭 저런 호텔에서 자보겠다는 다짐을 하고는 다시 걷기 시작했다. 몇 발자국 옮겼을까, 나는 다시 자리에 멈추었다. 그리고 생각했다.

'잠깐만, 지금 자면 되잖아?'

뭐에 홀렸는지 내 발은 나도 모르게 호텔 입구로 향하고 있었다. 입구에는 별 다섯 개가 붙어있었고, 그때 5성급 호텔인 줄 알 수 있었다. 나는 더 이상 물러설 곳이 없었다.

'그래, 여기 직원들한테 부탁해서 로비에 잠깐 있다가 가면 안 되는지 물어보자!'

나는 호텔 안으로 최대한 불쌍한 표정을 하고 처량해 보이게 몸을 숙이고 들어갔다. 호텔 안은 정말 럭셔리 그 자체였고, 말끔하게 정장을 입은 남자 직원 3명이 리셉션에 있었다.

"Hi, I'm just wondering if I could stay at lobby for couple of hours. Because…." 안녕하세요. 혹시 여기 로비에서 잠시 머물 수 있을까요? …

나는 최대한 불쌍한 표정을 지으며 상황을 설명하며 물었다. 설명을 들은 직원들은 자기네들끼리 이야기를 하기 시작했다. 나는 심사숙고하는 듯한 직원들의 모습에 괜스레 긴장이 되었다. 이야기가 끝나고 직원 중 한 명이 내게 말했다.

"Ok, you can stay" 알겠어요. 잠시 있다 가세요.

이런 횡재가! 사실 큰 기대는 하지 않았다. 왜냐하면 호텔의 품위도 있고, 호텔에 묵지도 않았던 후줄근한 사람이 로비에 있겠다고 하면 여러모로 경계할 수도 있을 텐데 흔쾌히 허락을 해준 것이었다. 그렇게! 나는 5성급 호텔에서 그것도 무료로 잠을 잘 수 있었다. 호텔 로비는 조용하고 편안하고 따뜻했다. 자리에 앉자마자 알람을 설정해놓고는 바로 기절을 해버렸다. 체감상 분명 10분밖에 안 잤는데 시간은 이미 3시간이 훌쩍 넘었고, 알람에 맞추어 잠에서 깼다. 직원들에게 정말 고맙다며 감사 인사를 하고는 호텔을 나와 블라블라카를 타는 지점까지 걸어가서 드라이버를 만나 차를 타고 세비야로 출발했다.

브래들리 쿠퍼와 로버트 다우트 주니어를 섞어놓은 비주얼의 드라이버였던 '엘리야스'는 젠틀

엘리야스의 옆태

하고 재미있었다. 엘리야스는 펜싱을 하는 친구였는데, 2016년 펜싱계의 새 역사를 쓴 대한민국 국가대표 박상영 선수와도 친분이 있는 엄청난 인싸였다. 엘리야스는 한국에도 관심이 많은 친구였기에 우리는 신나게 이야기를 했고, 심심하지 않게 세비야로 왔다.

'돈으로는 살 수 없는 경험'이라는 진부한 표현이 내게 현실로 다가올 때 벅차오르는 감동은 참 크다. 비록 버스비를 날렸지만 그 덕분에 보다 더 값진 경험을 얻은 나는 진정 행운아였다.

유럽 여행의 마지막 도시 세비야

●

스페인 여행을 할 때, 세비야까지 안 돌고 포르투갈로 갔다가 다시 세비야로 온 이유가 있었다. 첫째, 호주에서 만났던 마르코라는 친구를 보기로 한 일정 때문이었다. 둘째, 나는 유럽 여행을 마무리하고 모로코로 갈 예정이었다. 세비야에서 가까운 '타리파'라는 도시에서 모로코로 가는 페리가 있어서 일부러 세비야를 유럽 여행의 마지막 도시로 정한 것이었다.

유럽 여행의 마지막 도시 스페인 세비야. 원래 세비야 여행을 오는 사람들은 론다나, 말라가로 근교 여행을 많이 간다. 나도 원래 다녀올 계획이었지만 생각보다 표도 비싸고, 여느 도시와 큰 차이는 없을 것 같아서 그냥 패스했다. 거의 5개월을 넘게 유럽에 있었으니 질릴 만도 했다.

날씨가 시원했던 포르투에 있다가 스페인 남부로 오니 날씨는 다시 후덥지근하고 더웠다. 너무 더워서 호스텔에서 잠시 쉬고 있는데, 내 바로 옆 침대를 쓰던 '젠코'를 만나게 되었다. 영국인인 젠코는 현재 체코에 살면서 영어를 가르치는 선생님이었는데, 잠시 휴가를 내서 세비야로 놀러온 것이었다. 내가 유럽 다음으로 아프리카 여행을 시작할 거라고 하니까, 자기도 아프리카를 다녀왔다며 막 이야기를 했다. 여행 말고도 우리는 공통점이 많아 그로 인해 빨리 친

젠코와 플라멩코 공연을 보다가 만난 친구들

해지게 되었다. 그날 밤, 우리는 같이 플라멩코 공연을 보러갔다. 플라멩코는 탭 댄스와 좀 비슷한 느낌의 춤이었다. 확실한 건 아주 열정적인 춤이었다는 것. 스페인에 온다면 한 번쯤은 꼭 보아야 하는 공연임에는 틀림없었다.(내가 플라멩코 공연을 보러 간 곳은 사진과 동영상 촬영이 불가했다.) 오랜만에 펍에서 공연도 보고 친구들을 사귀고 수다를 떨면서 시간을 보냈다.

개인적으로 세비야가 스페인에서 가장 아름다웠던 도시였다. 스페인 광장은 지금껏 가봤던 '광장' 중에서 가장 새롭고 멋진 느낌을 주었다. '내가 왕이라면 이런 곳에 살고 싶다'라고 할 정도로 아름다웠다. 세비야는 바르셀로나와 비교했을 때 사람도 많이 없어서 한적했고, 한적한 느낌이 좀 더 차분한 기분으로 세비야를 둘러보게 만들어서 좋았다.

세비야 광장

무엇보다도 세비야 여행의 하이라이트는 호주에서 사귄 친구 '마르코'를 만나는 것이었다. 호주에서 워킹 홀리데이를 하며 어학원을 다닐 때 만난 마르코는, 성격도 좋고 재미있고 착했던 친구라서 당시에 친하게 지냈던 친구이다. 마르코는 스페인에 오면 무조건 자기를 보고 가야된다고 그렇게 야단법석을 떨었는데, 드디어 만나게 된 것이다. 우리는 만나서 한참을 '세비야에서 다시 만난 사실'에 신기해하며 반갑게 인사를 했다. 마르코는 알고 보니 꽤 유복한 집에서 자란 친구였고, 3층짜리에 수영장까지 있는 집에 살고 있었다. 우리는 짐을 풀어놓자마자 바로 수영장에서 수영도 하며 시원한 오후를 보내었고, 저녁에는 마르코의 오토바이를 타고 드라이브까지 했다. 다음날, 나는 아프리카 여행의 시작점이 될 나라인 '모로코'로 떠날 예정이어서 하루밖에 같이 있지 못했지만 정말 알찬 하루를 보내었다.

총 5개월 조금 넘는 유럽 여행이 끝이 났다. 꿈에만 그리던 유럽에서 자그마치 5개월이라는 시간을 보내다니. 돌이켜보면 항상 그렇듯 시간은 금세 지나가 있었다. 유럽 여행이라는 하나의 꿈을 이루는 동안 다양한 사람들을 만나며, 새로운 것들을 체험하며 나는 많이 성장해있었다. 진정한 성장은 학문을 공부하고 지식을 쌓는 것으로부터 오는 것이 아닌, 보고 듣고 느끼는 경험에서부터 오는 것임을 다시 한 번 깨달을 수 있었다. 아프리카에서 시작하는 새로운 여정을 기대하며, 나는 모로코 탕헤르로 가기 위해 스페인의 타리파라는 지역으로 발걸음을 옮겼다.

세계 여행을 떠나기 전에 평생 잊지 못할 영상을 하
나 만들고 싶다는 생각이 들었다. 평생 동안 간직하며
추억할 수 있는 특별한 영상을 말이다. 지금도 그렇지만 당시에도 수
준 높은 여행 영상, 여행 사진이 날이 갈수록 많아지고 있었다, 나는
이렇다 할 영상 기술이나 사진 기술을 가지고 있지 않았다. 지극히
평범한 일반인의 실력이었다. 그래서 고퀄리티의 콘텐츠와 차별화
된, 나만 할 수 있는 콘텐츠는 무엇이 있을까 정말 고민을 많이 했다.
나는 역동적이고 에너지가 넘치는 성격을 영상에 고스란히 담아내
고 싶었고, 각 나라의 대표 명소 앞에서 특별한 영상을 찍으면 좋겠
다고 생각했다. '춤을 출까?', '노래를 부를까?', '외국인들과 함께 한
국말로 인사를 해볼까?' 등등 수많은 아이디어가 떠올랐다.
그러나 뭔가 찝찝하고 어디서 많이 본 듯한 진부한 느낌이 들었다.
그러던 도중 전광석화처럼 번뜩이는 아이디어가 뇌리를 스쳤다.

'코스튬을 입고 영상을 찍자!'

재미있는 코스튬을 입고 명소 앞에서 영상을 찍으면 재미있고 추억
에 오래 남을 것 같았다. 그러나 어떤 코스튬이 좋을지가 관건이었
다. 대게 코스튬의 부피는 크고 무겁기도 해서 1년 동안 가지고 다니
는데 무리가 있을 수도 있었다. 그래서 가볍고 착용이 간단한 코스튬
이 무엇이 있을까 고민을 하다가 공룡 코스튬이 딱 떠올랐다. 예전에

SNS에서 외국인이 공룡 코스튬을 입고 길거리를 돌아다니는 영상을 본 적이 있었다. 무척 인상 깊게 보았는데, 갑자기 그 생각이 난 것이었다. 공룡 코스튬에 대해 찾아보니 비닐재질이라 아주 가볍고, 잘 접어서 보관하면 부피도 많이 안 차지하는 것이었다. 이보다 완벽한 코스튬은 없다고 생각하고 일말의 고민 없이 주문을 했다. 실제로 받아서 착용해 보니 완벽한 코스튬이었다. 그렇게 나는 공룡 코스튬과 함께 세계를 누볐다.

맨 처음 코스튬을 입고 영상을 찍은 곳은 러시아 '이르쿠츠크'의 바이칼 호수였다. 처음에는 혼자 카메라를 놓고, 주섬주섬 코스튬을 입고 뛰어나니며 촬영을 하니 민망했다. 그러나 그것도 잠시, 나는 즐기고 있었다. 특히나 그걸 쓰고 영상을 찍고 있으면 아이들, 어른들 할 것 없이 다가와서 나를 만져도 보고, 같이 사진을 찍기도 했다. 영상을 찍음과 동시에 현지 사람들에게 웃음도 줄 수 있었던 것이다. '웃음을 주는 사람'이라는 나의 사명이 해외에서도 실현되는 순간이었다.

나는 유럽 버전, 아프리카 버전, 인도 버전, 동남아시아 버전을 계획하면서 영상을 계속 찍기 시작했다. 생각해보면 공룡 코스튬을 세계 여행의 시작부터 끝까지 그 어떤 물건보다도 더 소중하게 챙기고 관리했던 것 같다. 덕분에 여행 콘텐츠로 SNS에서 유명한 여행 페이지인 '여행에 미치다', '유디니', '여행을 떠나는 이유'에

나의 영상이 올라갔다. 반응은 나름 폭발적이었고, 사람들에게 빅 웃음을 선사할 수 있었다.

여행을 떠날 때, 본인만의 색깔을 가진 주제로 사진이나 영상을 남겨오는 것을 추천한다. 나는 관종이기 때문에 무조건 남들과는 차별화되어야 한다고 했지만, 특이하거나 남들과 차별화 될 필요는 없다. 본인이 좋아하고, 본인이 생각했을 때 '좋은 추억으로 남을 거 같다'라는 확신만 든다면 무엇이든 괜찮다고 생각한다. 맞고 틀리고는 없으니까. 여행에서 나만의 특별한 사진이나 영상을 남겨온다면 훗날 여행을 추억할 때 더 의미 있고 재미있지 않을까 싶다.

(인스타그램 계정 amazingcsm으로 DM 보내 주시면 영상을 보내드릴게요^^)

소설 '연금술사'의 도시 탕헤르,
블루시티 쉐프샤우엔

●

스페인 타리파에서 모로코 탕헤르까지는 페리(큰 유람선)로 30분 밖에 걸리지 않았다. 생각보다 멀지 않음에 놀랐고, 모로코는 내가 생각했던 아프리카의 이미지와 많이 달라서 또 놀랐다. 모로코는 스페인이나 유럽과 가까워서 그런지 꽤 많이 발전되어있는 나라였다. 그리고 중동의 느낌이 더 많이 났던 것 같다. 그래도 아프리카에 와 있다는 사실 하나만으로도 모든 것이 새로웠고 즐거웠다.

탕헤르는 쉐프샤우엔이라는 도시를 가기 위해 그냥 거쳐 가는 도시였다. 탕헤르에서 쉐프샤우엔으로 가는 버스는 하루에 단 한 대가 있었다. 단 한 대라니. 모로코의 클라스를 볼 수 있었다. 그마저도 낮 12시에 출발하는 버스라서 스케줄상 타기가 힘들었기 때문에 나는 하루를 탕헤르에서

스페인 타리파에서 모로코로 가는 페리

이렇게 한국 돈으로 3,500원 정도 한다. 꽤 푸짐하다.

묵기로 했다. 사실 원한다면 버스 정류장에 있는 택시를 이용해서 4, 5명씩 합승을 해서 쉐프샤우엔으로 갈 수도 있다. (모로코에서는 택시 합승이 굉장히 흔하고, 많이 이용한다.) 그러나 나는 합승까지 하면서 가기엔 너무 불편할 거 같아서 다음날 오전에 버스를 타고 가기로 결정했다.

모로코에서 놀랐던 사실은 물가가 생각보다 저렴하지 않다는 것이었다. 심지어 스페인 물가랑 비슷하거나 오히려 더 비쌌다. 아프리카라는 인식이 있어서 그런지 최소 유럽보다는 저렴할 거라 생각했는데, 물가가 비싸서 당황했다. 오히려 외식비가 장을 봐서 요리하는 것보다 저렴했다.

알다가도 모르겠는, 정말 신비로운 나라였다. 그리고 확실히 아프리카에서는 긴장을 좀 하면서 다녀야겠다고 생각했다. 길거리를 지나갈 때마다 유럽에서는 단 한 번도 들어본 적 없는 '치나'(China, 중국인을 뜻함)라는 소리를, 내가 중국인인가라는 착각이 들 정도로 귀에 피가 나도록 들었다. 그러면서 나에게 자꾸 뭘 달라는 건지, 사달라는 건지 계속 다가와서 이상한 요구를 했다. 다행히도 아무 일은 없었지만 긴장을 조금이라도 늦추면 안 되겠다는 생각이 들었다.

'아프리카, 만만치 않은 걸?'

블루시티로 유명한 모로코의 도시 쉐프샤우엔. 쉐프샤우엔은 모로코의 도시들 중에서도 특히나 유명하고 인기가 많은 도시이다. 파란색과 하얀색의 조합으로 세련되어 CF의 한 장면을 연상시키는 아주 예쁜 집들이 모여 있다. 골목이든 어디서든 아무렇게나 찍어도 연예인 화보가 되는 집들은 정말이지 매력 있었다.

모로코에서 지낸 지 얼마 되지는 않았지만 모로코는 나에게 아주 강렬한 깨달음을 주었다. 그 깨달음은 '대한민국은 정말 살기 좋은 나라'라는 것이다. 물건을 파는 가게들, 사람들이 사는 집들, 길거리의 청소 상태 등 많은 부분들이 우리나라보다 노후화되어 있고, 청결하지 못했다. 그리고 스마트폰, 백화점, 음식점, 영화관 등 우리가 삶 속에서 당연하게 생각하고 누리는 것들은 이들에게는 특별한 것들이었다. 이런 것들을 보면서 동시에 이런 생각이 들었다.

'그렇다면, 많은 걸 누리고 있는 나는 행복한 삶을 사는 것이고, 이것들을 누리지 못하는 이들은 불행한 삶을 살고 있는 건가?'

그에 대한 대답은 당연히 '아니다'였다. 자신의 삶의 행복을 결정하는 것은 주변 환경이 아닌 주체인 자기 자신이다. 내 기준으로 상대방이 가지지 못하고 누리지 못한다고 판단하여 그 사람의 삶을 낙인 찍어버리는 것은 아주 무지하고 미성숙한 생각이다. 나는 나대로 상대방은 상대방대로 주어진 삶에 만족하며 산다면 승자와 패자가 없는 평화로운 세상이 되는 것이다. 모로코 사람들을 보며 '참 못 사는 나라네. 안타깝다'라고만 생각했던 나의 모습을 반성하게 되었다.

동네를 다 둘러보고, 숙소 뒤쪽에 있는 큰 광장으로 나가보았다. 거기서 진짜 모로코의 모습을 느낄 수 있었다. 가죽 제품들을 파는 상점들이 눈에 띄게 많았고 아프리카 특유의 느낌을 가진 제품들을 파는 가게들도 상당히 많았다. 엄청나게 큰 사원 앞에 있는 큰 나무 밑에 모로코 전통 의상을 입고 앉아 있는 사람들을 보니 매우 새로웠다. 그렇게 둘러보다가 배가 고파져 저녁을 뭘 먹을까 생각하며 시장을 찾고 있었는데, 한 가게를 발견했다. 그 가게 안에는 너무나도 익숙한 글자가 적혀있었다.

'스·낵·미·도!'

이 네 글자가 모로코의 한 시장 안에 있는 가게에 버젓이 적혀있는 것이었다. 처음엔 내 눈이 잘못되었나 하며 눈을 비비고 다시 봤지만 정말 한글이었다. 나도 모르게 그 글자에 이끌려 가게로 들어갔다. 알고 보니 한국인이 운영하는 가게도 아니고, '미도'라는 이름을 가진 모로코인이 운영하는 가게였다. 나는 너무 신기해서 미도라는 친구에게 왜 한글을 써놨는지, 한국은 어떻게 아는지 등등 폭풍

질문을 했고, 미도는 하나하나 놓치지 않고 다 대답해주었다.

　미도는 처음 한국 드라마를 보면서 한국을 알게 되었고 그 후로 한국에 관심이 많이 생겼다고 했다. 가게를 운영하면서 한국인 친구들을 많이 사귀었고, 요즘은 한국어 공부도 하고 있다며 여기 일을 정리하고 한국으로 들어와 일할 계획이 있다며 기대에 찬 눈빛으로 말을 했다. 우리는 짧은 시간에 친해졌고, 미도와 그의 동생인 아흐메드는 다음날 오전에 나를 위해 쉐프샤우엔 가이드를 해주겠다고 했다. 미도 형제 덕분에 나는 쉐프샤우엔 구석구석을 잘 볼 수 있었고, 예쁜 사진들도 많이 찍을 수 있었다.

호스텔 체크인을 하고 나와서 보기만 해도 시원해지는 파란색 건물들 사이로 걸으며 감상을 하고 있었다. 그러던 중 정말 예쁜 집이 있어 사진을 찍고 있었다. 그때 다섯 명의 아이들이 와자지껄 떠들며 그 앞을 지나가다가 날 보더니 심각한 얼굴을 하고는 "No picture! No picture!"라고 단호하게 말했다.

쫄았다.

겉으론 아무렇지 않은 척 웃으며 "No, picture? haha why?"라고 되물었지만 너무 단호하게 말하는 아이들의 얼굴을 보고는 기가 죽기 시작했다. '이슬람 국가라서 사진 찍는 것에 민감한가?' 혼자 생각하며 들고 있던 카메라를 내리는데, 당황한 나를 느낀 듯 아이들은 끼야룩 한바탕 웃기 시작했다. 그러더니 웃으며 "Yes, picture! Yes, picture!" 하는 것이었다.

'아! 짜식들아 형 놀랬잖아.'

그리곤 자기네들이 가던 길로 가는 것이었다. 나는 그 아이들을 부르면서 "같이 사진 찍을까?" 물어보니 득달같이 달려든다.

나뭇가지 몇 개를 들고 뛰어다니며 놀던 모습과 아시아인을 보고 신기한지 괜스레 다가와 장난치던 모습들, 사진 찍을 때 막 달려와서 포즈를 짓던 이 아이들에게서 아주 잠깐이었지만 순수함과 동심을 느낄 수 있었다. 그 모습들은 요즘 한국의 같은 또래 아이들에게서는 찾아보기 힘든 순수함이었다. 이런 녀석들을 보니 아빠 미소가 절로 지어졌다. 순수함. 세상을 밝게 만드는 하나의 요소임은 분명하다.

사하라 사막을 마주하다

•

어릴 때부터 '죽기 전에는 꼭 가보고 싶다'라고 꿈꿔오던 장소들이 있었다. 탄자니아에 있는 세렝게티, 페루에 있는 마추픽추, 남극 등 많은 장소들이 있지만 그중에서도 간절하게 꿈꾸던 곳, 사하라 사막.

시간이 흘러 정신을 차려보니, 그곳에 있다는 상상만으로도 나의 온 신경이 즐거워지던 사하라 사막에 내가 두 발을 딛고 서 있었다. 온 사방이 모래로 둘러싸여 있는 풍경은 실로 장관이었다. 도무지 끝이 보이지 않게 길게 늘어진 모래 봉우리들은 초월적인 자연을 느끼게 해주었다. 낙타를 타고 사막 한가운데를 가로질러가는 느낌도 정말 묘했다.

사막은 나의 숨소리와 낙타의 발이 모래에 빠지는 소리를 제외하고는 소름끼치도록 고요했다. 강한 바람과 함께 실려 온 모래들은 내 얼굴을 강타했고, 눈을 뜰 수 없을 정도로 바람은 세차게 불었다. 그런 바람마저도 사막의 매력으로 느꼈던 나는, 정말 사막에 단단히 빠져있음에 틀림없었다. 내가 사막에 있던 그날은 안타깝게도 날씨가 그리 좋지는 않았다. 쏟아지는 별을 볼 수 있다는 사막의 밤도 안 좋은 날씨 때문인지 제대로 볼 수 없었지만, 시간이 점점 지나며 어두운 구름이 걷혀 별들을 볼 수 있었다. 역시나 도시의 빛을 부끄럽

게 만들 하늘의 빛들은 찬란하게 빛났다. 그 빛들을 이불 삼아 사막 한가운데서 잠을 청하니 더웠던 사막도 따뜻하고 포근한 사막이 되었다.

나는 같이 갔던 동행들과 다른 스케줄을 가지고 있었다. '마라케시'라는 도시로 새벽 일찍 출발해야 돼서 혼자 새벽에 투어를 진행해준 가이드와 낙타를 타고 새벽 사막을 걸어 나왔다. '내가 여기서 사라진다면 아무도 못 찾겠지?'라는 생각이 들 만큼 광대한 사막이었기 때문에 어두컴컴했던 숙소로 돌아오는 길은 무섭기도 했다. 그러나 아름다운 별들을 바라보니 이내 마음은 평온해졌고, 무사히 숙소로 돌아올 수 있었다. 짐을 꾸리고 숙소를 나오며 짜릿했던 사막에서의 하루를 추억했다. 좀 더 시간을 보내지 못하는 아쉬운 마음을 뒤로 한 채 나는 남아프리카 공화국으로 가기 위해 모로코의 대도시인 '마라케시'로 출발했다.

마라케시, 카사블랑카! 내가 싫어?

●

 사하라 사막을 보러 갔던 메르주가에서 마라케시까지 버스로 정확히 13시간이 걸렸다. 13시간 이라니. 하지만 살아서 마라케시에 도착한 것이 감사할 따름이었다. 메르주가에서 마라케시까지 오는 도로는 위험천만했다. 1차선밖에 없는 도로는 비포장은 물론이고, 산을 둘러서 가는 도로였다. 얼마나 높게도 올라가는지 1차선 옆으로는 낭떠러지가 버젓이 보였지만 아무런 보호 장치나 펜스도 없었다. 덜컹덜컹거리는 소리와 트램펄린을 타는 것처럼 통통 튀던 자리에 앉아있던 나의 입에서는 자연스레 기도가 나올 수밖에 없었다.

 '하나님! 제발 저 여기서 죽으면 안 됩니다. 아직 가보고 싶은 나라도 많고, 한국으로 돌아가서 해야 될 일과 하고 싶은 일들이 태산이에요. 제발 살려주세요.'

 나름 진지했던 나의 기도가 통한 것일까, 나는 무사히 마라케시에 도착했다. 마라케시는 모로코의 대도시답게 대중교통이 잘 구축되어 있었다. 호스텔까지 가는 버스는 4디르함(DH-모로코 화폐, 1DH=100원)이었고, 택시는 최소 15디르함 정도였다. 밤늦게 도착해서 택시를 타고 다니는 게 더 안전할 수 있었지만, 돈은 없고 시간은 많은 나는 로컬 버스를 경험해보고 싶었기에 버스를 타고 호스텔로 갔다.

호스텔에 도착하니 급 피곤이 몰려왔다. 마라케시로 오는 버스 안에서 제대로 쉬지 못한 나는 피곤한 상태였고, 머릿속에는 온통 '빨리 체크인하고 쉬어야겠다.'라는 생각밖에 없었다. 체력이 방전된 상태로 체크인을 하고 있는데, 갑자기 누가 뒤에서 톡톡 치는 것이었다. '뭐지?' 하고 돌아보고는 나는 너무 놀라서 소리를 빼액 지르고 말았다.

오 마이 갓! 마드리드에서 나를 거두어 주었던 수염 난 천사들 중 한 명인 마르코스가 뒤에 서 있는 게 아닌가! 나도 모르게 지른 소리에 마르코스도 덩달아 놀란 듯했다.

마드리드에 있을 때 마르코스가 모로코로 여행을 갈 계획이 있다고는 말했던 적이 있었다. 그러나 어떤 도시로 가는지, 날짜도 아직 정해지지 않았다고 당시에 말했었는데, 지금 마라케시에, 그리고 수많은 호스텔 중 하나인 이 호스텔에서 우리는 다시 조우한 것이었다. 너무 신기하고 놀란 마음과 반가운 마음에 격한 포옹을 하며 인사를 나누었다. 지금 생각해봐도 정말 신기한 만남이었다. 마르코스는 대학 친구 2명과 함께 왔다. 마르코스의 친구들은 오늘 이렇게 나를 만나기 전에 마르코스에게 나에 대한 이야기를 들었다며 엄청 반가워해 주었고, 덕분에 나도 반갑게 인사를 할 수 있었다. 정말 신기했던 것은 우리가 만난 그날이 마르코스가 마라케시에서 보내는 마지막 밤이었던 것이다. 우연도 이런 우연이 없다며 우리는 감탄에 감탄을 자아냈고, 밤새 호스텔 옥상에서 이야기꽃을 피웠다.

다음날, 다른 여행지로 가야 하는 마르코스, 그리고 두 친구와 작별 인사를 했다. 예기치 못했던 만남이라 이별은 더 아쉬웠지만, 언젠가는 다시 볼 것이라는 기대감이 이별을 조금은 가볍게 만들었다. 나는 마라케시에 순전히 남아공으로 가는 비행기를 타러 온 것이었기 때문에, 머무는 하루 내내 호스텔에 박혀있었다. 나가서 돌아볼 법도 했지만 편하게 쉬면서 아프리카 여행에 대한 정보를 모으다 보니 시간은 금세 지나갔다.

다음날, 드디어 기다리고 기다리던 남아공으로 출발하기 위해 마라케시 공항에 도착을 했다. 설레는 마음으로 위탁 수하물을 맡기면서 체크인을 하려고 하는데, 황당한 문제가 발생했다. 직원이 말하기를, 남아공으로 입국을 하려면 남아공에서 출국할 리턴 티켓이 있어야 된다고 했다. 나는 남아공에서 보츠와나-잠비아-탄자니아-케냐 순으로 남쪽에서 북쪽으로 올라가는 여행을 할 예정이었다. 그래서 리턴 티켓이 없다고 하니 버스나 배도 아닌 '무조건' 비행기 티켓이 있어야 체크인을 해주겠다고 하는 것이었다. 티켓이 없는 이유를 조목조목 설명해도 막무가내 식으로 나오는 이런 말도 안 되고 황당한 처사에 나는 선택권이 없었다. 결국 이용하지도 않을 비행기 티켓을 예약해야 했다. 너무 짜증이 났지만 일단 예약을 하고 취소를 할 요량으로 한 달 뒤에 남아공에서 보츠와나로 가는 비행기 표를 예약하고 체크인을 할 수 있었다.

그러나 티켓 소동은 전초전에 불과했다. 더 크고, 끔찍하고, 다이내믹한 사건들이 저 멀리서 두 팔 벌려 나를 맞이하고 있었다.

나의 남아공행 비행기는 '마라케시-카사블랑카-카타르(도하)-남아공(케이프타운)' 이렇게 총 두 번을 경유하는 루트였다. 카사블랑카도 모로코의 한 도시인데 사람들이 꽤 많이들 여행하는 도시 중 한 곳이다. 내가 모로코에 온 가장 큰 이유는 사하라 사막을 보기 위함이었기 때문에 다른 도시에는 크게 관심이 없어서 카사블랑카는 여행을 하지 않기로 결정했다. 카사블랑카에서 두 시간 정도 대기하다가 도하행 비행기에 올랐다. 카타르 항공을 처음 타봤는데, 좌석이 이코노미임에도 불구하고 제공되는 서비스들이 굉장히 좋았다.

'장거리 비행이라 이렇게 좋은 건가?'

나는 생각보다 좋은 기내 서비스에 감탄했지만 촌놈티를 내기 싫어서 새어나오는 웃음을 애써 감추었다. 이륙 예정 시간으로부터 20분이 지났지만 아직 비행기는 이륙할 생각을 하지 않는 듯했다. 그리고 막 나오는 기장의 방송.

"비행기 엔진 쪽에 문제가 있어 수리를 하고 약 30분 뒤에 이륙할 예정입니다. 승객님들의 양해 부탁드립니다."

'그래, 뭐 이런 일이야 얼마든지 일어날 수 있지.'

나는 비행기 내부에 끊임없는 감탄을 하며 룰루랄라 영화를 틀어서 보고 있었다. 그리고 30분 정도 지났을까, 기장의 방송이 다시 나왔다.

"죄송합니다. 예상보다 수리가 늦어지는 관계로 이륙이 더 늦어질 것 같습니다. 대단히 죄송합니다."

이미 이륙 예정 시간으로부터 총 한 시간이 지나 있었는데 더 미뤄진다니. 사람들은 술렁이기 시작했지만 나는 단순한 해프닝으로 생각했다. '가기만 하면 되지 뭐' 하며 보던 영화를 집중해서 보기 시작했다. 그리고 또 30분이 지났을까, 치지직거리는 불안한 잡음과 함께 기장의 직격탄이 흘러나왔다.

"죄송합니다. 지금 비행기를 수리 중에 있으나 예상 시간보다 더 오래 걸릴 것으로 예상됩니다. 죄송하지만 지금 계신 승객분들은 다 비행기에서 내려 공항 안에서 대기해주시기 바랍니다."

사실 이때까지만 해도 나는 조금 짜증이 나긴 했지만 괜찮았다. 남아공에서 누가 나를 기다리고 있는 것도 아니고, 일 때문에 빨리 가봐야 할 이유가 전혀 없었기 때문이다.

'또 이런 에피소드가 생겼구만~'

나는 이마저도 특별한 경험이라 생각하며 공항 라운지에 앉아 기다리기 시작했다. 한 시간, 두 시간… 시간은 계속 지나가는데 공항

측에서는 아무런 소식이 없었다. 벌써 시간은 저녁 6시를 넘어가고 있었다. (원래 출발 시간은 오후 1시 45분) 이때부터 사람들도 나도 슬슬 동요하기 시작했다. 총 5시간을 넘게 기다렸는데도 어떠한 조치나 처리가 되지 않고 있었다. 최소한 '아직도 수리 중입니다'라는 간단한 진행 상황도 말해주지 않고, 승객들을 몇 시간째 공항에 방치한 것이었다. 일부 승객들은 열이 받았는지 게이트 앞에 주저앉아 빨리 해결을 하라고 고래고래 소리를 질러댔다.

시간은 흘러 밤 8시가 되었다. 그리고 드디어! 탑승해도 된다는 방송이 흘러나왔고, 모여 있던 승객들은 다 같이 짜증과 기쁨이 한데 섞인 환호성을 질렀다. '비행기가 8시간이나 연착되다니, 별의별 경험을 다 해보는구나~' 하며 이제는 진짜 간다는 안도감과 기대감을 안고 자리에 착석했다. 비상시 해야 하는 행동에 대한 수칙을 설명하는 방송이 나왔고, 비행기는 서서히 움직이기 시작했다.

'아! 이제 진짜 간다!'

그·런·데! 슬금슬금 활주로로 가고 있던 비행기가 갑자기 멈추는 것이었다. 그와 동시에 시끌벅적한 기내가 고요해졌다. 조용해진 실내는 불길한 느낌으로 가득 찼고, 불길함은 금세 기내의 온도도 싸늘하게 낮추어버렸다. 그리고 들려오는 기장의 방송.

"정말 죄송합니다. 오늘은 운행이 안 될 것 같습니다. 다들 비행기에서 내려서 다시 공항으로 들어가 주십시오."

평점심을 유지하고 있던 나도 짜증나기 시작했다. 아무리 중요한 일이 없어도, 이런 식으로 계속 지연이 되는 것에 대한 시간이 너무 아까웠다. 항공사 측에서는 호텔을 잡아줄 테니 하룻밤을 자고 내일 출발해야 된다고 했다. 평상시 같았으면 호텔에서 맛있는 저녁도 먹고 푹 쉴 수 있는 기회가 주어지니 오히려 좋아했을 것이다. 그러나 때는 밤 9시를 훌쩍 넘어있었고, 호텔에 가서 잠만 자고 오전에 일찍 나와야 하는 상황이라 그리 달갑지는 않았다.

'어휴… 그래도 뭐 어쩌겠어. 이미 벌어진 일, 되돌릴 수도 없는데 그냥 좋게 생각하자'라며 자신을 다독였다. 그러나 엎친 데 덮친 격으로 항공사의 일 처리는 최악이었다. 공항 밖으로 나가야 하는 게이트를 이상한 곳으로 안내해 헛걸음을 하게 만들었고, 호텔로 가는 버스를 타는 정류장도 잘못 안내해주었다.

다행인지 불행인지 비행기에서 내린 지 2시간 만에 호텔로 가는 버스를 타고 새벽 1시가 다 되어서야 머물 호텔에 도착했다. 피곤에 절어있던 나는 빨리 체크인을 해서 방에 들어가 쉴 생각만 하고 있었다. 줄을 서서 기다리고 있는데, '어?' 뒤에서 한국말이 들리는 것 아닌가! 너무나 반가운 마음에 돌아보니 나보다는 나이가 많아 보이는 두 형님이 대화를 하고 있었다.

'이럴 수가! 여기서도 한국인을 보다니!'
나는 형님들께 다가가 인사를 했다. 형님들도 본인들 외에 한국인이 있다는 것에 놀랐는지 반갑게 인사를 해주셨고, 우리는 전쟁터에서 함께 싸우며 투쟁한 것 같은 동지애를 느끼며 금세 친해졌다. 형님들은 모로코 여행을 끝마치고 도하를 거쳐 인천으로 돌아갈 예정이었는데 이런 사단이 난 것이었다. 그렇게 광균 형님, 호빈 형님과 짧은 시간이었지만 여러 이야기를 나누면서 친해졌다. 또 소중한 인연을 만남에 감사했다. 시간이 지나 우리는 체크인을 했고, 나는 파란만장했던 카사블랑카의 악몽을 제발 오늘까지만 꾸기를 기도하며 지친 몸을 침대에 뉘였다.

쉬어가기 선택

어두움이 있어 밝음이 보이고,
밝음이 있어 어두움이 보인다.

마치 인생이 그렇듯,
밝음과 어두움이 공존하는 삶을 인정한다면
조금은 더 자유로워지지 않을까.

밝음과 어두움은 몇 발자국 차이.

앞으로 걸어가느냐, 뒤로 걸어가느냐,
정답은 없지만
선택할 수 있는 자유는 있다.

예기치 못한 카타르에서의 1박

●

혼돈의 소용돌이와 함께 몰아쳤던 폭풍은 무사히 지나가고, 다음 날 오전 카사블랑카 공항에 다시 도착했다. 두렵고 떨리는 마음으로 도하행 비행기를 기다리고 있었는데, 또 다른 문제가 발생했다. 카타르 도하에 다음날 새벽 5시에 도착을 하는데, 남아공 케이프타운으로 가는 비행기가 몇 시간 뒤에 가는 비행기가 아니라 이튿날 새벽 2시에 출발하는 비행기였다. 즉 하루를 도하에서 보내야 하는 것이다. 하지만 다행히도 항공사 측에서 도하에서 하루 머물 수 있게 호텔을 제공해준다고 했다. 예기치 못했던 카타르 여행을 할 수 있는 기회가 생긴 것이다.

'그래 이왕 이렇게 된 김에 호텔에서 맛있는 거 많이 먹고, 푹 쉬고 오자!'

어제 만났던 형님들도 인천으로 가는 비행기가 나와 똑같은 스케줄이었다. 그래서 도하에 도착하면 같이 움직이기로 했다. 중요한 건 일단 비행기 악몽의 굴레에서 벗어나야 했다. 오후 5시쯤 다시 도하행 비행기에 올랐다. 그새 트라우마가 생겼는지 비행기가 못 뜰 수도 있겠다는 불안하고 초조한 마음은 감출 수 없었다. 주위를 둘러보니 어젯밤 같이 마음고생했을 익숙한 얼굴들의 승객들이 보였다. 다

들 긴장된 표정을 하고 앉아있었다. 이륙 예정 시간이 되고, 비행기는 서서히 움직이기 시작했다. '제발! 오늘은 가자!'라는 소리 없는 승객들의 아우성을 들을 수 있었다. 과연 어떻게 됐을까?

몇 분 뒤 나는 카사블랑카 창공을 넘어 카타르 도하로 넘어가고 있었고, 11시간의 비행 끝에 카타르에 도착했다.

도하에서 하루 머물렀던 호텔은 내가 살면서 가본 호텔 중 가장 좋은 호텔이었다. 사실 호텔 자체를 많이 안 가봐서 그렇게 느꼈겠지만 어쨌든 최고였다. 10명은 족히 자도 충분할 만한 방 크기에, 간단하게 요리를 해먹을 수 있는 주방, 킹사이즈 침대 2개, 비즈니스맨을 위한 큰 책상, 욕실에 큰 욕조까지. 여행을 하고 있는 나에게 이보다 더 좋은 조건의 숙박 시설은 없었다. 게다가 조식, 중식, 석식을 다

제공했다. 수많은 음식과 디저트들은 긴 여행을 하고 있는 나를 격려하기에 충분했다. 몇 주 전 짐을 정리하다가 항상 가지고 다니던 락앤락 통을 버린 게 천추의 한이 되었다.

'하… 그 통만 있었다면 적어도 3일 먹을 간식을 담아올 수 있었을 텐데…'

아쉬움 또한 컸지만 지금이라도 이렇게 누릴 수 있음에 감사했다. 나는 조식을 먹고, 잠시 낮잠을 자고 일어나서 중식을 먹고, 형님들과 함께 오후 3시쯤 도하 시내 투어를 했다. 카타르의 날씨는 마치 한국의 여름처럼 숨이 턱턱 막히고 답답한 더위를 선사했다. 덥고 습해 계속 밖을 돌아다니기 힘들 정도였지만, 중동의 매력은 더위를 식히기에 충분했다.

카타르는 산유국의 위엄을 유감없이 보여주었다. 길거리에는 사람은 많이 없지만 높고 크고 화려한 건물들이 가득했다. 도로에 차들은 80% 이상이 SUV 차량에 죄다 비싼 외제차들이었고, 기름값은 한국의 절반 이상으로 저렴했다. '아, 이래서 중동, 중동 하는구나' 하는 생각이 들었다.

그리고 카타르 국왕의 별장도 볼 수 있었는데 어마어마한 스케일의 별장이었다. 도심에서 좀 외곽으로 나가니 바다가 있었고, 바다 한 가운데에 육안으로 식별이 가능한 작은 섬이 있었다. 그 섬에 별장이 있었고, 별장이 있는 섬에서 육지까지 족히 400m는 되는 다리로 쫙 이어져있었다. 다리 앞에서 외부인에 대한 엄격한 통제를 하는 경호원들 때문에 사진 하나 못 건졌지만 정말 보기 드문 장소였다.

저녁이 되어 우리는 호텔로 복귀했고, 맛있는 뷔페로 저녁을 먹었다. 나는 이대로 호화로운 호텔 라이프를 끝내기는 아쉬웠다. 식사 후 방으로 올라와 욕조에 따뜻한 물을 받았다. 오랜만에 지친 나의 몸을 달래줄 입욕을 하기로 한 것이다. 입욕제가 있었다면 좋았겠지만 아쉬운 대로 호텔에 기본적으로 비치되어있는 바디워시를 물에다 풀었다. 은은하게 올라오는 향은 그 어떤 비싼 입욕제의 향보다도 좋았다. 그렇게 오랜만에 욕조에서 피로를 풀 수 있었다.

시간이 흘러, 드디어! 최종 목적지로 가기 위해 도하 공항으로 출발했다. 같이 다닐 때마다 밥도 사주시고 커피도 사주신 정말 감사한 형님들과 아쉬운 작별을 하고, 우리는 각자 목적지로 가는 비행기를 타기 위해 서로의 행운을 빌어주며 헤어졌다.

잘 가, 나의 여행 전 재산 652만 원

우여곡절 끝에 아프리카 여행의 본격적인 시작이 될 남아공 케이프타운에 도착했다. 물론 모로코도 아프리카이긴 하지만 유럽과 가까워서 그런지 아프리카의 느낌을 많이 받지는 못했다. 그러나 남아공에서는 '아 내가 진짜 아프리카에 있구나'라는 느낌을 받을 수 있었는데, 그 이유는 바로 흑인들이 많았기 때문이다. 개인적으로 아프리카 하면 '흑인'이 가장 먼저 떠오른다.

나는 흑인들을 좋아한다. 호주에 있을 때도 여행을 하면서도 만났던 흑인들은 다 착하고 재미있었던 친구들이었기 때문이다. 신기했던 점 하나는 남아공에 백인들이 생각보다 많다는 것이었다. 나는 남아공에 갈 때 나라에 대한 사전 조사를 하지 않았는데, 알고 보니 인구의 총 20%가 백인이었다. 남아공은 백인들이 많이 사는 아프리카 나라 중에 하나였다. 공항에 내렸을 때 또 반가웠던 점 하나는 '영어'로 된 표지판과 광고, 영어를 쓰는 사람들이었다. 한동안 비영어권 국가에 머물다가 영어를 보니 모국어도 아닌데 그렇게 반가울 수가 없었다. (남아공 사람들은 세 개의 언어를 구사한다고 하지만 주로 영어를 많이 쓴다고 한다.)

공항에서 나와 남아공 교통카드를 만들고, 오랜만에 카우치 서핑을 하기로 해서 호스트의 집으로 향했다. 남아공은 아프리카에서 가장 잘사는 나라이다. 그래서 주변 건물이나 교통수단이 아주 깔끔하고 잘 되어 있었다. 호스트인 '알베르토'의 집은 공항에서 2시간 정도 걸렸고, 도심에서도 외곽 쪽에 위치해있었다. 버스를 타고 알베르토의 집으로 가는 길은 그림 같았다. 버스 너머로 보이는, 세계적으로 아름다운 서핑 포인트로 손꼽히는 남아공의 바다는 여태껏 봤던 바다 중 가장 아름다웠다. 넘실대는 파도는 역시나 '꿈의 파도'라는 수식어답게 시원하게 몰아쳤다. 여름에 왔어야 한다는 말이 나도 모르게 튀어나올 정도로 광대한 바다는 나의 시선을 확 사로잡았다. 바다 뒤로 보이는 희망봉과 케이프 포인트가 풍기는 위풍당당한 자연의 실재는 스위스의 자연과 또 다른 멋이 있었다.

그렇게 감상하며 오는 사이 2시간은 훌쩍 지나 알베르토의 집에 도착했다. 알베르토는 일을 하고 있었기에, 나에게 집에 들어가는 방법과 어떻게 집 안에서 생활하면 되는지 간단하게 메시지로 설명을 해주었다. 그날 저녁, 퇴근하고 집에 돌아온 알베르토와 정식으로 인사를 하고 같이 저녁을 먹으며 이야기꽃을 피웠다.

나는 앞으로 3개월간 아프리카 여행을 할 예정이었다. 무사히 아프리카 여행을 마무리하기를 기원하고 전의를 다지기 위한 하나의 증표를 남기고 싶었다. 무엇이 좋을까 고민하다가 삭발을 하기로 결정했다. 남아공은 좀 추운 편이었지만 여행을 하며 위로 올라갈수록 날씨가 더울 것이 분명했다. 그래서 머리가 길면 덥기도 하고 관리

알베르토의 머리는 원래 저랬다. 아, 어쩌면 알베르토의 머리를 보고 삭발에 꽂혔을 수도 있겠다.

하기도 힘들 것 같았다. 결정적으로 무엇을 입든 어떤 머리를 하든 아무도 신경 안 쓰는 해외에서나 삭발을 해보지 언제 이런 경험을 해보겠나 싶었다.

나는 삭발 결정을 하고는 단번에 알베르토에게 이발기를 빌려 화장실에서 영화 '아저씨'를 찍기 시작했다. 군대에서의 머리보다 훨씬 짧게 밀었다. 잘려나가는 머리카락과 함께 나의 스트레스도 함께 잘려나가는 듯 아주 개운했다. 남자는 머리빨이라는 암묵적 공식을 증명하듯 나의 몰골은 처참했다. 그러나 기분은 좋았다. 새로운 경험을 함과 동시에 진짜 여행자의 느낌을 받을 수 있었기 때문이었다. 앞으로 펼쳐질 아프리카에서의 여정이 너무 재미있을 것 같았고, 모든 일들이 잘 풀릴 것만 같은 기분 좋은 예감은 나의 온몸을 감쌌다.

다음날 아침. 남아공의 아름다움에 빠질 준비를 하고 이른 오후 집을 나섰다. 케이프타운의 시티를 먼저 둘러보고 주변에 있는 관광지를 둘러볼 계획이었다. 시티는 쥐 죽은 듯 조용했다. 일요일 오전이라 그런지 문을 연 가게들도 많이 없었다. 아침을 안 먹고 나와서 배가 고팠던 나는 점심을 먹기 위해 KFC로 들어갔다. 오랜만에 먹는 치킨은 어쩜 그리도 맛있는지. 배부르게 치킨을 먹고 나와 '보캅지구'라는 곳을 가려고 구글 지도를 보는데 감이 잘 안 잡히는 것이었다. 잘 모를 때는 언제나 그랬듯 길거리에 지나가는 사람에게 물어봐야 했다. 누구한테 물어볼까 고민하던 중, 어떤 빌딩 앞에 검은색 SECURITY 옷을 입은 인상 좋아 보이는 사람을 발견했다.

'그래! 경비원들은 어떻게 가는지 방법을 잘 알고 있겠지?'

물어보기에 딱 적합한 사람이라는 생각이 들어서 그 사람에게 다가갔다.

"안녕하세요! 보캅 지구로 가야 하는데, 어떻게 가는지 알려주실 수 있나요?"

"아 네. 근데 여기로 가려면 티켓이 필요해요."

내가 알기로 보캅 지구라는 곳은 연남동이나 성수동 같은 그냥 동네였다.

'동네를 둘러보는데 티켓이 필요하다고?'

나는 이상해서 다시 물었다.

"내가 알아본 바로는 티켓 같은 건 필요 없이 그냥 갈 수 있다는데요?"

"아 그게 얼마 전에 제도가 바뀌어서 티켓이 없으면 입장이 불가해요. 무조건 티켓이 있어야 해요."

"흠, 그럼 티켓은 어디서 받나요?"

"저기 뒤에 보이는 건물에 들어가면 공짜로 티켓을 줘요. 저기서 받아서 가면 돼요!"

티켓이 있어야 된다는 말이 이해가 안 되었지만 공짜로 티켓을 준다고 하니 일단 가보기로 했다. 알겠다고 하고 그 건물로 혼자 걸어가는데, 경비원이 처음이라 헷갈릴 수 있으니 도와준다고 같이 가주겠다고 했다. 환하게 웃는 얼굴로 호의를 베풀어 주겠다고 하니 나는 거절할 이유가 없었다. 고맙다는 인사를 하고는 같이 건물 안으로 들어갔다. 회사 건물처럼 보이는 건물 안에는 상점들이 꽤 많았는데 다 문이 닫혀있었다. 나는 어디서 티켓을 받을 수 있냐고 물어보았고, 인상 좋은 경비원은 말했다.

"저기 보이는 ATM에서 뽑으면 돼요!"

'뭐? ATM에서 티켓을 뽑는다고?'
나는 너무 어이가 없고 황당했다. 상식적으로 ATM에서 티켓을 뽑는 게 말이 안 되는 일이지 않는가. 그럼에도 경비원은 얼굴 하나 안 바뀌며 아주 상냥한 말투로 당당하게 말을 하는 것이었다. 나는 잘못 들었나 싶어 다시 물었지만 경비원은 ATM에서 뽑는 게 맞다고, 카드를 넣고 비밀번호만 누르면 티켓이 나온다고 말했다.

"무슨 ATM에서 티켓을 뽑아요? 제 상식으로는 도무지 이해가 안 되는데요?"
"처음 남아공에 오는 사람들은 다 그래요. 근데 남아공은 관광객들의 편의를 위해 ATM에서도 티켓을 뽑을 수 있게 해놨어요."라고 말하며, 자기 옷에 적혀있는 SECURITY 글자를 가리켰다. 그러면서 자기는 우리가 만났던 빌딩에서 일하는 사람이니 믿고 뽑으라고 말하는 것이었다. 백 번 양보하고 다시 생각해봐도 터무니없는 말이었다. 그러나 의심은 이내 '진짜 남아공은 다른가?' 하는 의문으로 바뀌었다. 일단 카드는 내가 가지고 있고, 이 사람이 내 카드를 강탈하려고 하면 나도 어떠한 액션이든 취해서 제제할 수 있겠다는 생각이 들었다(경비원의 몸집이 나보다 작았다). 그리고는 뒤에 물러서 있으라고 말하면서 혼자 해보겠다고 말하니 경비원은 자연스럽게 뒤로 물러섰다.

나는 경비원이 멀찍이 떨어져있는 것을 확인하고 ATM에 카드를 넣었다. 그리고 인출할 금액은 누르지도 않고 비밀번호만 누르고 가만히 기다렸다. 당연히 티켓이 나올 리 없었다. 나는 뒤에 서있는 경비원에게 티켓이 나오지 않는다고 말했다. 경비원은 '그래?' 하며 도와준다고 내 곁으로 다가왔다. 그리곤 ATM기에 있는 버튼을 하나 눌렀다(무슨 버튼을 눌렀는지는 보지 못했다). 그러자 *로 표시된 네 자리 비밀번호가 실제 숫자로 확 바뀌는 것이 아닌가. '어! 이거 어떻게 된거지?'라며 상황을 파악하고 있는데, 경비원이 나에게 ATM 왼쪽 상단을 가리키면서 여길 잠깐 보라고 했다. 나는 자연스레 가리키는 손가락에 시선을 옮겼다. 거기엔 아무것도 없었다. 그렇게 3초 정도 지났을까, '뭘 보라는 거야?' 하며 경비원이 서 있었던 옆을 보았다. 옆엔 아무도 없었다. 3초 전까지만 해도 경비원이 서 있었는데 없어진 것이었다.

'아뿔싸!'

재빨리 카드 투입구를 확인했지만 카드도 없었다. 그 몇 초 사이에 인기척을 느낄 새도 없이 경비원이 카드를 빼서 도망간 것이었다. 믿기지 않겠지만 정말 딱 '3초'만이었다.

'아! 당했구나!'

당시 나는 당황함보다 황당함을 더 느꼈다. 이렇게 눈 뜨고 코 베인 경험은 생전 처음이었기 때문이었다. 그제야 또 알게 된 것은, 그 빌딩 안에는 도망갈 수 있는 길이 많았던 것이다. 도망갈 수 있는 길이 하나라면 쫓아라도 갔겠지만 밑으로 내려가는 길, 위로 올라가는 길, 앞뒤 좌우에 다 밖으로 나가는 길이 있었다. 쫓아갈 엄두도 못 내고 어떻게 해야 하나 짧은 시간에 머리를 얼마나 굴려댔는지 모른다. 나는 재빨리 정신을 차리고 카드를 정지해야 된다는 생각이 들어서 일단 밖으로 나갔다. 감사하게도 빌딩 맞은편에 인터넷 전화를 쓸 수 있는 상점이 있었다. (당시 나는 국제 전화를 사용할 수 없는 상태였다.)

부리나케 상점 안으로 들어가서 주인에게 자초지종을 설명하니 주인은 흔쾌히 전화를 사용하라고 했다. 나는 곧바로 인터넷에 접속을 해서 카드사 고객 센터 번호를 찾아서 전화를 했다. 다행히도 나는 카드를 도난당한 지 5분 만에 카드를 정지할 수 있었다. 소매치기로 유명한 유럽에서 5개월을 지내면서 단 한 번도 이런 일이 없었고 처음 '도난'이라는 걸 당했지만, 나름 침착하게 잘 대처해서 5분 안에 정지를 한 내 자신이 대견스러웠다.

그 · 러 · 나 수화기 너머로 들리는 상담원의 말은 나의 심장을 철 렁 내려앉게 만들다 못해 아주 박살을 내버렸다.

"고객님, 카드 정지는 성공적으로 처리되었습니다. 그런데 5분 사이에 카드에서 815,000원씩 8번 인출되었네요."

나는 내 귀를 의심했다. 잘못 들은 줄 알고 다시 물어보았다.

"네? 0을 하나 잘못 보신 거 같은데요? 81,500원 아닌가요?"

상담원도 어이없게 벌어진 이 대참사에 본인도 말하기가 괜히 미 안한 듯했다. 그러나 차분한 말투로 다시 설명해주었다. 815,000원 씩 8번, 총 652만 원이 인출되었고, 25만 원이 잔고로 남아있다고. '아…!'라는 외마디와 함께 나의 영혼은 저 멀리 안드로메다로 빠져 나갔다. 그때 진짜 리얼 갑분싸의 순간을 경험할 수 있었다. 652만 원은 호주에서 열심히 모아온 돈이고, 남은 6개월 여행의 총 경비였 다. 그 돈이 다 털린 것이었다. 세계 여행의 꿈이 한순간에 무너지는 순간이었다. 그렇게 모든 상황을 긍정적으로 생각하며 살던 나도 분 노와 짜증이 치밀어 오르는 건 어쩔 수 없었다. 그러나 가장 크게 느 낀 감정은 황당함이었다. 몇 분 사이에 벌어진 이 참사가 믿기지 않 았다. 단 10분 만에 인생의 방향이 180도 확 바뀌다니. 어이없는 웃 음은 계속해서 새어나왔다. 사실 이러한 상황에서 눈물이 나는 건 어쩌면 당연할 수도 있는데 신기하게도 눈물은 안 났다. 참혹한 현 실을 전해 듣고 10분 정도 지났을까, 가만히 멍 때리고 있던 나의 입에서 나도 모르게 한 마디가 나왔다.

"그래~ 그냥 한국으로 가자."

경비원에 대한 욕도, 벌어진 상황에 대한 한탄이나 후회도 아닌 이 상황을 겸허히 받아들이는 수긍의 말이었다. 물론 그 후 경비원을 생각하며 세상에 존재하는 모든 육두문자를 날리기도 했다. 세계여행을 꿈꾸게 된 계기였던 '아프리카 여행'을 제대로 시작하기도 전에 이렇게 허무하게 끝나니 막막하고 섭섭했던 것도 사실이었다. 그러나 아이러니하게도 생각보다 마음은 평안했다. 만약 65만 원을 도난당했다면 상황은 달라졌을 것이다. 그 돈 정도의 여행을 포기하고 여행을 지속하면 그만이고, 652만 원에 비하면 비교적 작은 돈이라 '왜 조심하지 못했을까!' 자책하며 화가 더 오래갔을 것이다. 그러나 652만 원은 너무 큰돈이고, 다시 찾기엔 불가능하다는 결론이서니 생각보다 체념이 빨랐던 것 같다. 이 상황 속에서 감사했던 건 한국보다 강도율이 80% 높고 살인율은 50%나 높은 남아공에서 강도를 당하지 않은 것이었다. 혹여나 폭행을 당하거나 흉기로 위협을 당해서 빼앗겼다면 더 큰 문제일 수 있었지만, 몸 하나 안 상하고 돈만 털렸으니 오히려 다행인 것이었다. 돈이 건강보다 좋을 순 없으니까. 한편으로는 남들과는 다른 '차별화'된 여행의 마무리가 된 것 같아 짜릿하기도 했다. 그렇게 생각하니 안도감이 들었고, 그와 동시에 나의 주특기인 긍정적 사고가 온몸을 지배하기 시작했다.

'그래, 이미 벌어진 일, 계속 붙잡고 있으면 뭐해? 빨리 훌훌 털어 버리자~'

이상하리만치 빠른 수긍과 동시에 평온함을 느낀 나는, 일단 곧 바로 경찰서에 가서 신고를 하고 경위서를 작성했다. 현지 경찰들에 게 들은 사실 중 하나는 남아공에는 가짜 경비원 옷이나 심지어 가 짜 경찰 옷을 입고 관광객들을 상대로 사기를 치는 사람들이 수도 없이 많다고 했다. 경찰서에서 모든 조사를 끝마친 뒤 알베르토의 집으로 돌아왔다. 알베르토에게 이 사실을 이야기하니 본인이 더 아 쉬워하며 미안해했다. 이제부터 남은 문제는 어떻게 한국으로 돌아 갈지, 돌아가기 전까지 어디에 머물지였다. 한국으로 돌아가는 비행 기 값은 집에서 보내주셨지만 4일 동안 카드 도난에 대한 수사 때문 에 남아공에 머물러야 하는 경비는 부족했다. 알베르토는 더 머물러 도 된다고 했지만 이미 약속했던 날보다 2일을 더 지냈기 때문에 미 안해서 더 머물 수는 없었다. 다른 카우치 서핑을 찾기엔 시간이 걸 리기도 하고 언제 찾을 수 있을지 모르기 때문에 고민이 되었다.

그러다 나는 케이프타운에 있는 한인 교회에 연락을 드렸다. 나 에게 벌어진 상황을 설명을 드리니 흔쾌히 원하는 만큼 머물다 가라 고 하셨다. 목사님과 사모님 그리고 같이 협력하시는 선교사님 두 분은 안타까운 나의 상황에 같이 아파해주시며 위로해주셨다. 한 동안 먹지 못했던 한식과 맛있는 음식들로 매 끼니를 챙겨주셨고, 짧았지만 강렬한 기억으로 남은 난민촌에 가서 봉사했던 시간들은

652만 원으로는 살 수 없는 귀중한 경험이 되었다. 나는 그렇게 귀국 전까지 교회에서 머물다가 한국으로 돌아올 수 있었다.

케이프타운 공항에서 한국으로의 귀국행 비행기를 기다리고 있었다. 실웃음이 새어나왔다.

'지금쯤이면 잠비아에 있는 빅토리아 폭포를 보러 가는 차에 앉아있어야 하는데, 공항에 앉아있네. 참, 이런 일이 나한테 다 생기는구나. 재밌다 인생!'

가감 없이, 꾸밈없이 고스란히 내 입에서 나온 말이었다. 아쉽고 허무한 건 당연한 사실이었다. 예기치 못한 귀국에 당장 한국으로 돌아갈 생각을 하니 답답하기도 했다. 살 집을 다시 구해야 하고, 직장을 구해야 하고, 돈도 벌어야 하고…. 해야 될 일이 산더미처럼 느껴졌다. '인생은 역시 계획대로만 되지 않는구나!'

지금 나의 상황은 안타까운 경우이지만, 반대로 더 좋은 일도 얼마든지 생길 수 있다는 것. 하나를 잃었을 때 분명 다른 하나는 얻으며 살아온 나에게 남아공 사태는 또 하나의 값진 경험이 되어있었다. 그러다 보니 한국에서 곧 펼쳐질 일들에 대해 기대하는 마음을 숨길 수 없었다.

출국 수속을 마치고 게이트 안을 지나 활주로로 나왔다. 직원들의 안내를 받으며 한국행 비행기를 타기 위해 비행기 쪽으로 걸어가다가 따스한 햇살을 느껴 나도 모르게 하늘을 쳐다보았다. 태양은 여전히 하늘에 있었고, 내 머리 위에서 빛나고 있었다. 밝게 빛나는 태양은 나에게 말했다.

"너의 181일간의 세계 여행은 충분히 아름다웠어. 잠시 쉬고, 기회가 된다면 다시 떠나! 난 항상 이 자리에서 널 응원할게!"

한국으로 귀국하기 전 날, 케이프타운에 계시는 선
교사님을 따라 도심에서 150*km* 정도 떨어진 외딴 마
을에 점심 봉사를 하러 다녀왔다. 우리가 알고 있는
'아프리카'의 가난과 배고픔에 허덕이는 현실을 매번 듣
고 상상만 하다가 실제로 직접 목도하니 오래도록 가슴이 아려왔다.
모래 바람이 날리는 넓은 황무지에 여기저기 곧 무너져 내릴 것만 같
은 판자로 된 집들이 있고, 아이들은 맨발 혹은 다 떨어진 신발을 신
고 그 집 앞을 뛰어다니며 논다. 예배 시작 전, 아이들은 반주에 맞춰
찬양을 부르며 신나게 춤을 춘다. 그 사이에 웬 이상한 한국인 아저
씨가 머리를 빡빡 깎고 같이 찬양을 부르니 신기한지 계속 옆으로 와
서 붙는다.

그리곤 살며시 내 손을 잡는다. 한 명이 내 손을 잡으니 다른 아이가
와서 반대편 손을 잡고… 그렇게 아이들은 내 손을 잡으려고 다툼을
벌인다. 손을 잡으러 오는 아이들의 눈빛에서 '갈급한 사랑'을 느낀
다. 손이 열 개라면 얼마나 좋을까. 결국 한 명씩 눈을 마주치며 손을
꼭 잡아주었다. 거친 곳에서 생활하는 아이들의 손이 어쩜 그렇게 부
드럽고 따뜻한지. 그 온기를 느낄 때 얼마나 울컥했는지 모른다.

아프리카에선 '가난'이 곧 문화라고 한다. 즉 가난을 너무도 당연하
게 받아들이고, 그 상황으로부터의 도피나 개선을 하려는 생각조차
하지 못하고 그냥 당연한 듯 살아간다. '주어진 현실에 불평 없이 산
다.'는 말이 어찌 보면 쿨해 보이기도 하지만 너무 슬픈 현상이다. 그

'삶의 순응'은 더 많이 보고 배우지 못하는 '경험의 부재'로부터 비롯되는 현상이자 선택의 기회조차 갖지 못하는 애석한 현상이기 때문이다.

전 세계의 아이들처럼 똑같이 사랑받고 꿈을 키워나가야 할 아이들이 주변 환경에 갇혀 제대로 된 '꿈'을 꾸지 못하고, '꿈'을 이루기 위한 도움을 받기가 어려운 상황을 보고 있노라면 표현 못할 먹먹함이 그대로 밀려온다. 예배 후, 딱 봐도 오래되고 쓰레기라고 해도 무방할, 플라스틱으로 된 용기에 빵 몇 개와 음식을 받아 집 안도 아닌 집 앞 공터에 앉아 먹고 집으로 돌아간다.

위를 보면 같은 하늘 아래 사는데 앞을 보면 우리는 너무나 다른 현실을 살아간다. '나는 진짜 감사한 삶을 살고 있구나. 한국에 태어난 건 축복이구나'라는 것을 깨닫고 앞으로 불평불만 없이 잘 살아야겠다는 다짐조차, 여전히 잘살고 있는 나를 너무 이기적으로 만들어버렸다. 많은 다짐과 생각을 하게 된 잊지 못할 세계 여행의 마지막 장소였다.

안타깝게도 끝내 범인은 잡지 못했다. 범인을 잡건 못 잡건, 수사 진행 상황에 대해 연락을 준다고 한 케이프타운의 경찰서에서는 수개월이 지나도 깜깜무소식이었다. 카드사에서도 말하기를, 비밀번호를 이용하여 불법 대출을 했다면 보상이 어느 정도 가능하지만, 불법 인출로 내 계좌에서 돈을 빼갔기 때문에 보상이 어렵다고 했다.

'워킹 홀리데이'와 '세계 여행'을 떠나기로 결심하고 그 다짐을 주변 사람들에게 나누었을 때 그들은 내 '용기'에 대해 감탄 혹은 동경을 표했다. 그렇다면 그 용기는 어디로부터 나온 걸까?

대담한 성격? 활발함? 추진력?

아니다.

누구나 한번쯤은 느껴봤을 '후회가 주는 아쉬움'이 싫어서 그로부터 용기를 낼 수 있었다.

용기를 내고, 계획을 실행에 옮길 때 개인의 성향, 상황도 물론 중요하지만 그것보다도 '의지'가 정말 중요한 요소라고 생각한다. 보통 우리는 여러 가지 이유로부터 오는 '두려움' 때문에 의지와 용기를 내려놓는다. 근데 중요한 사실은, 두려움 없이 용기를 내는 사람은 단언컨대 단 한 명도 없다는 것이다. 사람이라면 '불확실'에 대한 두려움을 느낄 수밖에 없기 때문에.

단지 그 두려움을 자신이 믿는 신념 혹은 열정을 발판삼아 이겨내는 사람이 있는 거고, 그 사람들만이 진짜 큰 기쁨을 만끽하는 것이다. 만약 용기를 낸 선택의 결과가 좋다면 더할 나위 없겠지만, 설령 좋지 않다 하더라도 그 상황은 얼마든지 노력과 인내를 통해 이겨낼 수 있다. 그러나 시도조차 하지 못한다면 실행하지 못했던 그 선택은 이겨낼 여지조차 주지 못하고, 아마도 후회와 아쉬움을 참 오랫동안 느끼며 살게 하지 않을까.

각자 처한 상황들과 현실이 있는데 그 모든 것들을 일반화시켜 단순히 "당장 떠나!", "지금 아니면 안 돼!", "하고 싶은 걸 해!"라고 말하고 싶은 건 아니다. 그런 '긍정의 말'은, 자칫 잘 알고 있지만 개인적인 이유로 실행하지 못하는 누군가에겐 상처가 될 수도 있으니까.

꼭 '지금', '당장'일 필요는 없다. 다만 포기하지 말고 다시 한 번 잘 생각하고 준비해서 본인에게 허락되는 그 시기에 용기를 내어 하고 싶었던 걸 시도해보면 좋지 않을까. 무모해 보이고 성취된 것이 아무것도 없어 보여도 시도만 한다면 단언컨대 잃는 것보단 얻는 게 훨씬 많을 거라 믿는다!

그리고 그로부터 오는 '성장'은 자신을 더 귀중한 사람으로 만들 것이다.

나의 여행기에 대해 '결론적으로는 세계 여행을 실패하고 아쉬움만 가득 안고 돌아왔는데, 너무 오버해서 말하는 거 아닌가, 현실적이지 못해!'라고 생각하는 사람도 있을 것이다.

나는 허황된 꿈에 갇혀 마냥 긍정적으로만 생각하며 '시도만 한다면 무엇이든지 이루어낼 수 있어!'라고 자신을 세뇌시키며 살아가는 이상주의자가 아니다. 나는, '도전'이 없다면 성공이든 실패든 본인의 삶에 큰 표증으로 남을 기회를 놓칠 수 있다고 생각하며 살아가는 현실주의자이다. 겉으로 보이는 결과가 없다면 '실패'한 도전으로 보일 수도 있다. 사람들이 정의하는 겉으로 보이는 결과가 없더라도 꿈으로만 남겨두던 이상을 현실로 살아냄을 통해 오는 성장은 '성공'한 도전으로 만들 것이다. 내가 이렇게 당당하게 말할 수 있는 이유는 단 하나.

직접 도전했고, 경험을 했기 때문이다.

현재 나는 여행이라는 아름답고 달콤했던 꿈에서 깨어나 현실을 살고 있다. 내가 살아나가야 할 현실은 여행을 떠나기 전과 별반 다를 게 없다. 일을 하고, 돈을 벌고, 친구들을 만나고, 시간이 나면 놀러도 다니는 평범한 삶을 살고 있다. 겉으로는 평범한 사람이지만 여행을 다녀온 후, 나는 특별한 사람이 되어있었다. 여행 전과 후를 비교했을 때 자명하게 달라진 것은, 노력하면 불가능을 가능케 할 수 있다는 자신감이 생겼고 나의 상황에 감사하게 되었으며 이전보다 나를 더 사랑하게 되었다는 것이다. 또 새로운 세상을 경험하며 이전보다는 조금은 더 넓고 깊은 사람이 된 것 같다. 사실 따지고 보면 이 모든 것은 앞으로 다가오는 현실을 마주할 때 삶을 대하는 태도에 큰 영향을 미칠 것이니 살아나가야 할 현실도 많이 달라졌다고 할 수도 있겠다. 꼭 앞에 보이고 실제적으로 내게 일어나는 일들만이 인생의 전부는 아니니까.

나의 책이 단순히 '여행을 다녀온 열정 넘치는 한 청년의 기행문'으로 끝나지 않았으면 좋겠다. 나의 이야기를 통해 누군가가 용기를 얻고, 힘을 얻기를 간절히 바란다. 삶에서 무엇보다도 중요하고 소중한 것은 외적으로 보이는 것이 아니라 내 마음속에 있는 빛을 따라 사는 것이라 믿는다. 그 빛이 인도하는 길이 힘들고 지칠지언정 빛이 있는 한 그 길은 항상 '밝음'을 인지하고 감사하며 살아가는 삶이, 나와 이 책을 읽는 모두에게 선사되기를 기도한다.

P.S

나는 허무하게 마무리된 세계 여행을 그냥 해프닝으로만 두고 추억하지 않을 것이다. 더도 말고 덜도 말고 도난당했던 652만 원을 그대로 가지고 다시 여행을 떠날 것이다. 언제가 될지는 모르겠다. 그러나 꼭 갈 것이다.

떨려도 괜찮아

초판 1쇄 인쇄   2019년 04월 24일
초판 1쇄 발행   2019년 05월 01일
지은이   최상민

펴낸이   김양수
편집·디자인   이정은
교정교열   박순옥

펴낸곳   휴앤스토리
출판등록   제2016-000014
주소   경기도 고양시 일산서구 중앙로 1456 서현프라자 604호
전화   031) 906-5006
팩스   031) 906-5079
홈페이지   www.booksam.kr
블로그   http://blog.naver.com/okbook1234
이메일   okbook1234@naver.com
ISBN   979-11-89254-20-9 (03980)

이 책의 국립중앙도서관 출판시도서목록은 서지정보유통지원시스템 홈페이지(http://seoji.nl.go.kr)와 국가자료공동목록시스템(http://www.nl.go.kr/kolisnet)에서 이용하실 수 있습니다.
(CIP제어번호 : CIP2019016269)

크라우드 펀딩으로 책이 나올 수 있게 도와주신 후원자분들 감사드립니다.

최가영   오세화   임영지   이창원   이경우   권혁준   조낙균   정근표   박준민   장재혁   임주은
조기준   신다예   함초롬   최대현   설현렬   백호승   하은혜   차지명   인지민   노현채   정수정
김민수   송병석   최이슬   남윤희   이은지A   이은지B   조우형   하용훈   김은신   조성호   오성희
권희재   허 명   손미경   문미애   강명덕   김재승   윤태중   이경자   최예지   김나연   김경미
손명선   정진희   최재신   김혜수   이원복   신민규   김국환   최건웅   임예은   방지현   김선민
김솔비   박효정   이현우   한형순   최주영   유지연   허철범   김관웅   김진선   김다슬   염길현
고선영   옥보배   최진희   강태원   남경민   오효근   정진군   민희경   김윤혜   이재근   정광균
박철우   박윤희   김정숙   박수진   양진철   최유정   유민화   한샛별   김훈호   배기덕   최성민
문진규   장준호   류성훈   박병진   여지원   임하나   김재홍   임수지   강종호   이영호   박호빈
남경화   이희수   서현주   조윤서   .